海底地形地貌数据质量评估理论与方法

Theory and Methods for Estimating the Quality of Submarine Topographical Data

贾帅东　张立华
董　箭　唐露露　著
孙晓路　刘现鹏

测绘出版社
·北京·

内容简介

本书围绕海底地形地貌的表达及其应用需求,系统阐述了海底地形地貌数据质量评估的基本理论与方法,主要包括海底地形地貌数据质量评估的基本流程、间接评估方法与直接评估方法等内容。本书展示了海底地形地貌数据质量评估方面的最新成果及其应用前景。

本书可供海洋测绘、地理信息系统、航海和海洋等领域的科技人员及高等院校有关专业的师生阅读、参考。

图书在版编目(CIP)数据

海底地形地貌数据质量评估理论与方法 / 贾帅东等著. -- 北京 : 测绘出版社, 2024.1

ISBN 978-7-5030-4498-4

Ⅰ. ①海… Ⅱ. ①贾… Ⅲ. ①海底地貌－地理信息系统－数据－质量评价 Ⅳ. ①P737.2②P208

中国国家版本馆 CIP 数据核字(2024)第 042364 号

海底地形地貌数据质量评估理论与方法
HAIDI DIXING DIMAO SHUJU ZHILIANG PINGGU LILUN YU FANGFA

责任编辑　巩　岩　　**封面设计**　李　伟　　**责任印制**　陈姝颖

出版发行	测绘出版社	**电　　话**	010－68580735(发行部)
地　　址	北京市西城区三里河路 50 号		010－68531363(编辑部)
邮政编码	100045	**网　　址**	https://chs.sinomaps.com
电子邮箱	smp@sinomaps.com	**经　　销**	新华书店
成品规格	169mm×239mm	**印　　刷**	建工社(河北)印刷有限公司
印　　张	8.5	**字　　数**	162 千字
版　　次	2024 年 1 月第 1 版	**印　　次**	2024 年 1 月第 1 次印刷
印　　数	001—800	**定　　价**	68.00 元

书　　号　ISBN 978-7-5030-4498-4

本书如有印装质量问题,请与我社发行部联系调换。

前　言

被地球表面各大陆地分隔但彼此相通的广大水域称为海洋。海洋蕴藏着丰富的资源，它既是人类生存与活动的重要场所，也是人类文明进步的资源宝库。随着我国“建设海洋强国”发展战略目标的确立，以及“21 世纪海上丝绸之路”重大倡议的提出，相关涉海部门的海上活动日渐频繁，舰船航迹遍布全球，对海洋地理空间信息产品的需求也随之增大。

作为海洋地理空间信息的核心要素，海底地形地貌是人类在认识海洋、建设海洋、开发海洋的进程中需要重点关注的一项基础性参量。只有科学、合理地评估海底地形地貌数据的质量，才能确保所采集、获取的海底地形地貌数据可靠、可用。近年来，有关海底地形地貌数据质量的认识也逐步引起了国内外海洋测绘界学者和生产单位的关注。

长期以来，海底地形地貌数据的质量评估多沿用手工作业时代的技术方法，还停留在定性评估的层面。对于海底地形地貌数据的质量评估量化指标，包括笔者所在团队在内的一些学者虽提出了许多有借鉴意义的指标和评估方法，但目前尚未形成一套系统、科学的质量评估体系，更缺少统一的理论模型与计算方法。为此，本书将主要围绕海洋地理空间信息中的海洋地形地貌这一要素，以地理信息系统(GIS)空间数据质量评估框架为基础，结合海洋测绘特点，系统研究海底地形地貌数据质量评估的理论与方法。

本书包含了笔者及研究小组近些年来在海底地形地貌数据质量评估方面的主要研究成果，另外，为了兼顾知识的系统性，本书也引入了国内外同行的一些相关研究成果。本书以地理信息系统空间数据质量评估框架为基础，采用定性与定量相结合的方法，建立了海底地形地貌数据质量的间接评估模型、直接评估模型，提出了海底地形地貌数据质量的通用指标、专用指标及相应的评估方法，较系统地研究了海底地形地貌数据质量评估的理论与方法。全书共分为 5 章：第 1 章主要阐述了海底地形地貌的基本概念、表达方法、意义价值，以及当前国内外在海底地形地貌数据质量评估方面的研究现状和发展趋势等；第 2 章主要介绍了海底地形地貌数据质量评估的基础理论，建立了海底地形地貌数据质量评估的基本流程，包括预处理流程、质量评估两部分；第 3 章研究了海底地形地貌数据质量的间接评估，主要从数据坐标系统、定位系统精度等方面进行质量评估；第 4 章研究了海底地形地貌数据质量通用指标的直接评估，分别从逻辑一致性、要素完备性、属性精度、位置精度四个方面开展了海底地形地貌数据质量的定量评估研究；第 5 章在第 4 章通用指标直接评估的基础上，进一步围绕海底地形地貌数据的应用需求，研究了面向应用对象的专用指标直接评估方法，主要从海底地形表达的准确性、舰船海上航行安全的保证情况、潜航器水下地形匹配的可导航性三个方面，提出了可量化评估的指标和计算方法。

本书研究内容得到了国家自然科学基金项目（41901320、41871369、41774014）和青年人才托举工程（18-JCJQ-QT-004）等项目的资助，非常感谢其对笔者的信任及对本书研究内容的支持。

本书的大部分内容是笔者近年在海军大连舰艇学院从事教学、科研期间完成的。在本书撰写过程中，海图信息中心崔洪生高级工程师、李春菊高级工程师、刘国辉高级工程师、林海峰高级工程师、李庆伟高级工程师等专家提供了大量有关外版海图质量评估的一手实践资料，海军研究院申家双高级工程师、自然资源部第二海洋研究所吴自银研究员对本书研究成果给予了高度的评价与肯定，在此表示衷心的感谢。在本书内容的研究过程中，还得到了中国科学院地理科学与资源研究所资源与环境信息系统国家重点实验室周成虎院士、苏奋振研究员，河南大学王家耀院士，信息工程大学柴洪洲教授，浙江大学刘仁义教授、张丰副教授，西南交通大学朱庆教授，武汉大学艾廷华教授、赵建虎教授，福建理工大学暴景阳教授、黄谟涛教授，哈尔滨工程大学赵玉新教授，天津大学张安民研究员，自然资源部第一海洋研究所周兴华研究员，中国航天科技集团郑伟研究员，辽宁师范大学王方雄副教授，海军工程大学边少锋教授、李厚朴教授，海军研究院海洋环境研究所翟国君高级工程师、陆毅高级工程师、黄贤源高级工程师，海军大连舰艇学院彭认灿教授、李树军教授、殷晓冬教授、黄文骞教授的指导和帮助。最后，感谢曹鸿博、周唯、史岩、李玉峰等研究生为本书部分实验及插图制作所做的工作。

本书的研究虽然只是一个开始，但笔者相信，其可为今后的研究奠定一个较好的基础。同时，笔者也希望本书的出版，能抛砖引玉，使更多的专家、同行和学者关注该领域，进一步推动海底地形地貌数据处理与质量评估的研究。由于数字水深模型的构建理论与方法涉及知识较多，并且处于快速发展之中，加之笔者水平有限，书中一定存在不少不足之处，敬请广大读者批评指正。

目　录

Contents

第1章 绪 论

海洋是人类生存与活动的重要场所，也是人类文明进步的资源宝库。海底地形探索是人类在了解海洋、探索海洋、开发海洋的过程中不可或缺的一项重要内容。为了认识和利用海洋，人类不断尝试使用各种方法来描述、表达以海底地形地貌为基础的海洋地理信息。为此，本章将重点阐述海底地形地貌的基本概念、表达方法、意义价值，梳理当前对海底地形地貌数据进行采集获取、编辑处理、组织管理等过程中的基本方法，分析海底地形地貌数据质量评估的基本概念、研究现状及发展趋势，论证海底地形地貌数据质量评估在海底地形地貌表达乃至海洋地理信息综合应用中的重要性。

§1.1 海洋与海洋地形

1.1.1 海 洋

海洋，是被地球表面各大陆地分割但彼此相通的广大水域的总称，是地球上最广阔的水体。海洋的中心部分称作洋，边缘部分称作海，彼此沟通组成统一的水体。海洋含有约13.5亿立方千米的水（冯士筰 等，1999）。地球上四个大洋分别为太平洋、大西洋、印度洋、北冰洋，大部分以陆地和海底地形线为界。

1.1.2 海洋地形

海洋地形可分为海岸地形和海底地形两部分。

海岸地形是指海水低潮线以上海岸的地形，这一部分因受潮汐、风浪的影响最为强烈，所以变化很复杂，稳定性差。海岸地形按照区域位置可细分为海岸带、海岸、海岸线、海滩、潮间带。海岸带是指由潮汐、风浪等因素引起的增水使水位升高时被淹没、水位降低时露出的海陆相互作用区。海岸是指高出浪涛作用以上的陆地，其范围向内陆深入。海岸线是指陆地与海面的交线，或海岸与海滩的分界连线。海滩是指从平均低潮向上至浪涛可及处之间的区域。潮间带是指高潮时的海岸线与低潮时的海岸线之间的带状区域。

海底地形是指海水低潮线以下的海底全部地貌，按其总体构造可以分为大陆边缘、大洋盆地、大洋中脊3部分，如图1.1所示。大陆边缘是大陆和大洋底之间的过渡地带，其面积约占海底总面积的22%，一般由大陆架、大陆坡、大陆隆3部分组成。大洋盆地是海底的主体，面积约占海底总面积的45%，是海洋最平坦的部分，水深一般为4 000～5 000 m，坡度小于1/1 000。大洋中脊是屹立于大洋底部的巨大山脉，相对高差在3 000 m以上，面积约占海底总面积的33%（刘雁春 等，2006；黄张裕 等，2013）。

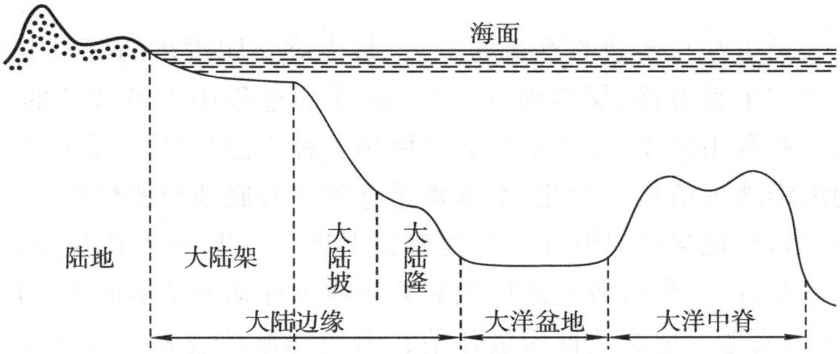

图1.1　海底的主要组成

§1.2　海底地形地貌

1.2.1　海底地形地貌的表达方法

千百年来，人类为了认识海洋和开发海洋，不断地尝试用各种方法来描述、表达海洋环境信息。其中，利用海图来表达海底地表形态便是其中之一。

海图，亦称海洋地图，是以海洋及其毗邻的陆地为描绘对象的地图（《海洋测绘词典》编辑委员会，1999）。早在公元前，古希腊学者已经能够绘制表示海洋的地图。13世纪出现的“波特兰”海图对海岸线的表示已经比较详细，同时对暗礁也有少量表示，但并没有注记水深。15世纪至16世纪，随着航运和探险事业的发展，海道测量事业得到迅速发展。1504年，葡萄牙在编制海图时，采用逐点注记的方法表示水深，这是现代航海图表示海底地貌基本方法的开端。18世纪，船舶进入蒸汽动力时代，航运事业已经非常发达，无论军事领域还是民用领域，对海洋测绘的需求都大大提高，由此引发了海洋测绘技术的诸多革命性进步。18世纪20年代以后，对于海底地貌的表示方法，除水深注记以外，又出现了等深线法。到了20世纪，航运事业发展和军事活动的需要对海洋测绘的精确性和完善性提出了更高的要求。20世纪80年代以来，随着现代科学技术的迅猛发展，现代海洋测绘逐渐步入一个以数字信息为基础、以计算机技术为支撑的发展阶段（楼锡淳 等，1993）。

海图行业最先是随着世界海洋探险、海上贸易和航海事业的兴起而发展起来的。在相当长的时间里，航海图与海图是同一概念，即海图就是航海图（田震 等，2015）。随着应用需求的不断拓展，航海图之外的其他图种逐渐出现。目前，海图通常可分为普通海图、专题海图和航海图。其中,普通海图是全面表示海洋区域(包括其毗邻陆地)空间各种自然现象和社会经济现象及其相互联系和发展的海图,其可细分为海底地势图和海底地形图;专题海图是仅表示海洋区域空间的某一种、某几种,甚至多种(但不全面,更不是所有)内容要素的海图,其可细分为自然现象海图和社会经济现象海图;航海图,作为目前最为常见且广泛使用的一种海图,是指供舰船制定计划航线、选取锚地、航行中定位并标定航线、保证航行安全的海图,主要包括海图总图、航行图和港湾图。普通海图、航海图及各类专题海图等不同类型的海图的应用对象的需求存在差异,因而对海底地形表面的表达通常会采用不同的方法和手段。例如,航海图所表达的海底地形,其首要作用是为舰船的航海安全提供保障,其次还要准确显示出可用于舰船航行的航道。

随着计算机科学、现代数学等相关学科技术的发展,进入20世纪中叶后,各种数字化的地形表达方式也得到了迅猛的发展。一种以数字形式存储于某种媒体中的海图——数字海图随之产生,并逐步得到推广与应用。数字海图是一种主要用于描述海域地理信息和航海信息的空间数据的有序集合。采用数字的形式来描述海底地形地貌时,最关键的问题是要建立表达海底地形表面的数学模型。Miller和Laflamme于1958年首次提出了数字地形表达的概念——数字地面模型(digital terrain model,DTM),即采用数据来表示地形表面。由于测绘学关注较多的是地形图的地理要素,特别是高程信息,很多测绘学家把"terrain"一词理解为地形,称DTM为数字地形模型。自DTM的概念被提出以后,相继出现了许多其他相近的术语(李志林 等,2018),最典型的是数字高程模型(digital elevation model,DEM)。DEM是通过有限的地形高程数据实现对地形曲面的数字化模拟,或者说是地形表面形态的数字化表示。相对于DTM可泛指地形表面自然、人文、社会景观模型来说,DEM是以绝对高程或海拔来表示地形表面的模型。随着DEM应用向海洋领域的延伸,人们拓展出了海底DEM这一概念。

1.2.2 海底地形地貌的意义价值

人类对海底地形的认知最初是伴随着航海的发展逐步加深的。船只要在海上安全航行,必须避开礁石、浅滩,因此,掌舵者必须掌握航线上的水深变化情况和海底地貌的起伏特点。对于规划的航道、锚地,必须进行详细的水深测量,探明水下碍航物,准确掌握海底地形变化情况。

随着人类对海洋开发和利用的逐步深入,各种海洋工程建设和开发逐渐增多,水下钻探、海底管线敷设及围海造地等工程设计和建设,以及海洋中蕴藏的石油、天然气及各类矿产资源的勘探和开发,都必须准确掌握海底地形信息(Blondel,2000;Smith,2003;阳凡林,2003;李鲜枫 等,2005;Clarkc,2006;Buclens et al,2009;崔双民 等,2012;陈虹 等,2017)。

《联合国海洋法公约》规定了12海里的领海、200海里的专属经济区、大陆架等制度，其中，将大陆架定义为沿海国的领海以外依其陆地领土的全部自然延伸，扩展到大陆边缘外界的海底区域的海床和底土。因此，准确的海底地形数据可为海洋划界、专属经济区的调查和大陆架的勘定等提供科学依据(彭认灿 等，2009；吴自银 等，2014)。

在海洋科学研究领域，许多问题均与海底地形密切相关，如海底地壳运动、火山活动、海底地震、海底矿藏分布形成的地球物理机制等。研究中所涉及的海洋重力、磁力、底质数据等，均需将细致、准确的海底地形信息作为研究应用的空间背景(Stewart et al，2002；Smith，2003；ten Brink et al，2003；Hellequin et al，2004；郭发滨 等，2003；孟婵媛 等，2004；李珏东 等，2009；董庆亮 等，2009；柏祥 等，2011；陈义兰 等，2013；冯京，2014)。

在军事上，潜艇的水下活动和水声对抗、登陆与抗登陆地段的选择等，都离不开海底地形信息的支撑(Brissette et al，2001；刘承香，2003；胡方，2004；赵新华，2006；杨日杰 等，2008；唐俊 等，2010；张立华 等，2019)。

§1.3 海底地形地貌数据

1.3.1 海底地形地貌数据的采集获取

1.实测水深

海底地形地貌的数据可直接通过外业测量获得。最初，人们采用测深杆、测深锤来测量海水深度，如图1.2所示。20世纪30年代初，回声测深仪问世，替代了传统的测深杆及测深锤，标志着海洋测深技术发生了根本性变革。图1.3所示的单波束测深设备就是一种早期的回声测深仪，但其精度和分辨率较低，不能满足海底地形地貌的精细测量要求。从20世纪60年代末开始，多波束测深系统开始出现并不断走向成熟，如图1.4所示。多波束测深系统能够同时高精度地测定多个位置的水深，随着测船的航行，能精密测定海底一定条带范围内的水深地形。近年来，多波束测深系统向轻便、低成本的方向发展，并将大幅度提高海底成像的技术水平。此外，新兴的测深手段还有卫星遥感测深和机载激光测深等。其中，卫星遥感测深是以多光谱卫星遥感影像为基础，通过建立遥感影像与水深信息间的对应关系，获取水深数据，该技术常用于海洋调查；机载激光测深是基于绿光或蓝绿光易穿透海水，而红外光不易穿透海水的原理，利用光激射器、光接收机、微机，以及控制、采集、显示、存储及辅助设备，实现海水深度的测量。

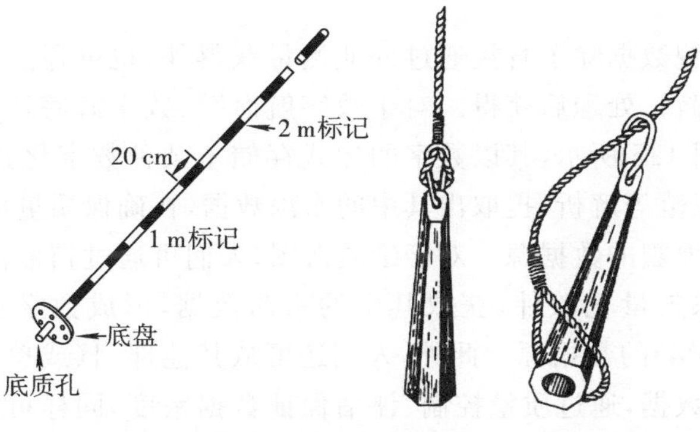

图 1.2 测深杆、测深锤

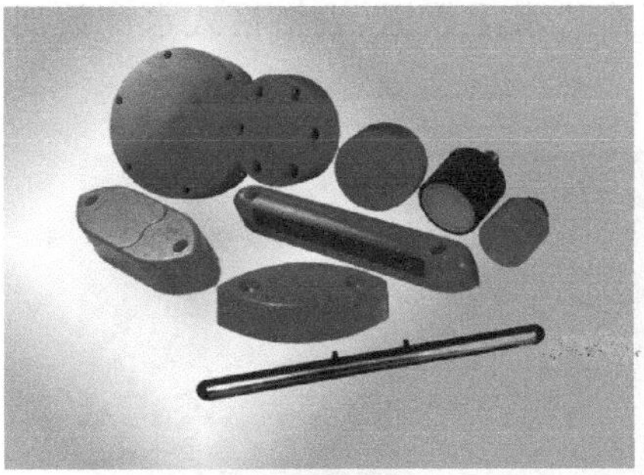

（a）探测设备

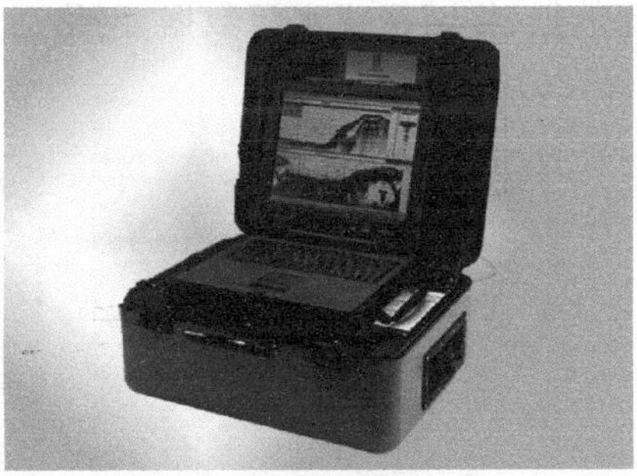

（b）数据处理设备

图 1.3 单波束测深设备

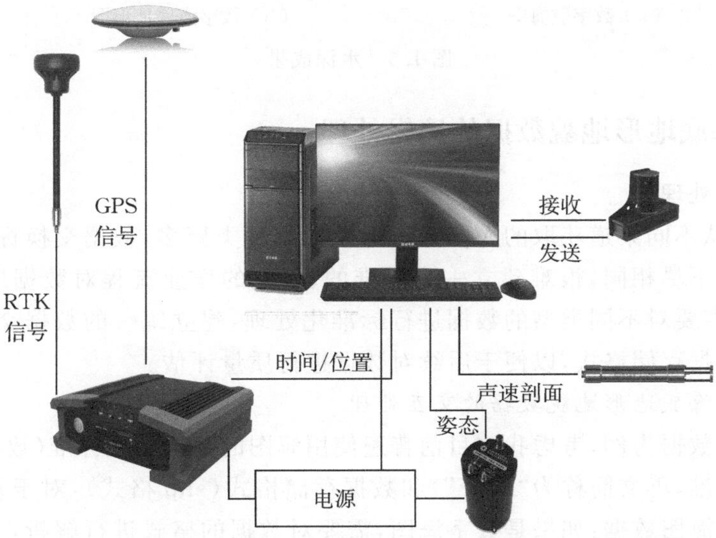

图 1.4 多波束测深系统

2.成果水深

海底地形地貌数据除了直接通过外业测量获得外，也可通过对其他已有成果数据进行转换、编辑、处理后获得。对于数字航海图、数字海底地形图等不同类型的数字海图，如图 1.5 所示，其以数字的形式存储于某种数字化介质内，人们可根据相关的标准、规范等解析、提取出其中的水深数据，在确保质量可靠的前提下，其可作为海底地形地貌的数据源。对于纸质海图，人们可通过扫描仪、数字化仪等设备，配合栅格图像矢量化软件，获取其中的水深数据，形成数字水深模型（digital depth model，DDM）的数据源。此外，人们还可从其他部门（或单位）以购买、共享等方式获取水深数据，通过质量控制、评估保证数据精度，同样可以作为海底地形地貌的数据源。这些数据除上述标准化的数字海图格式外，还包括文本文件格式水深数据、格网格式水深数据、网络通用格式水深数据、表格格式水深数据等（张立华 等，2019）。

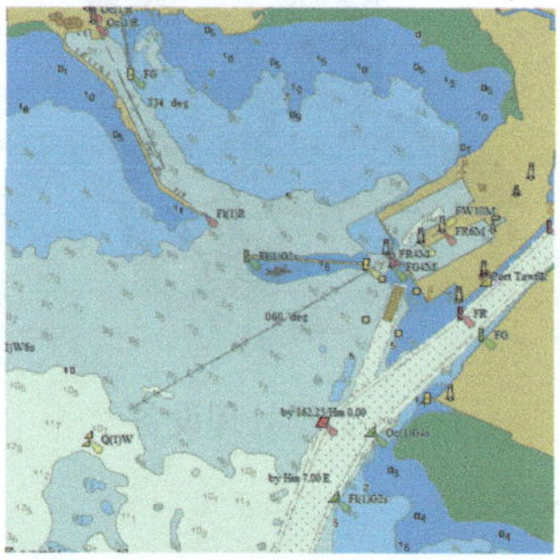

（a）数字航海图

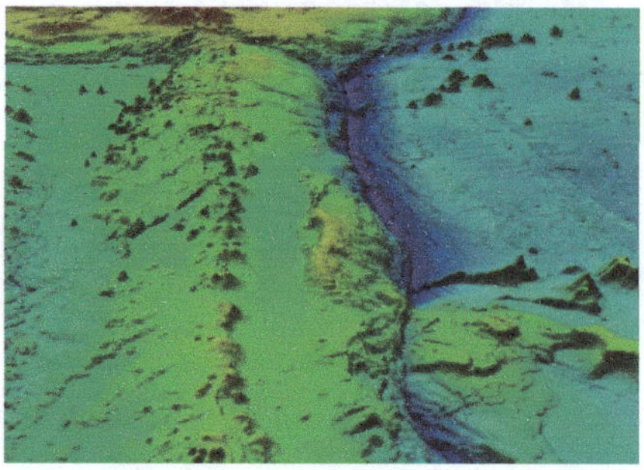

（b）数字海底地形图

图 1.5　水深成果

1.3.2　海底地形地貌数据的编辑处理

1.数据处理

目前，从不同渠道获取的海底地形地貌数据种类繁多，数据交换标准、数据存储格式等也不尽相同，很难建立一个标准的、规范的作业流程对数据质量进行评估。为此，需要对不同类型的数据进行标准化处理，建立统一的数据交换标准，采用统一的数据存储格式，以便于后续对数据进行质量评估。

1）纸质海底地形地貌数据的交互处理

以海图数据为例，考虑我国目前普遍使用海图的数据交换标准（数字海图矢量数据交换标准，英文简称为“VCF”）和数据存储格式（shp 格式），对于从不同渠道收集获取的海图数据：如果是数字海图，需要对数据的格式进行解析，并统一转换为数字海图数据格式；如果是纸质海图，可采取纸质海图扫描、图像几何校正、矢量编辑处理的步骤，将纸质海图转换为数字海图数据格式。

(1)纸质海图扫描。纸质海图扫描一般是利用扫描仪对纸质海图进行扫描,从而获得数据。扫描仪的主要功能是把量测到的光量转换成电模拟量。根据扫描仪及扫描矢量化软件功能、纸质海图种类、用户要求,通过扫描可分别得到二值影像、灰度影像和彩色影像。

(2)图像几何校正。在将海图扫描图像输入矢量化软件进行数字化前,为保证原图的质量和扫描的质量,必须对经扫描得到的海图图像进行几何校正。首先,对扫描图像进行预处理。预处理的目的是:消除图纸不净、线划不光滑及扫描摄像系统分辨率限制等给扫描图像线划带来的黑色斑点、孔洞和毛刺、凹陷等噪声。然后,进行图像几何校正:一方面,对扫描图像进行定向处理,找准图像的横纵方向;另一方面,对扫描图像进行几何校正,使得扫描图像在横纵方向上的比例保持一致。

(3)矢量编辑处理。矢量编辑处理是指基于纸质海图的扫描图像将海图要素转换为矢量图形的过程。一般的线段可做到自动跟踪矢量化,但海图上线划分布比较复杂,使自动跟踪矢量化更加困难。因此,一般采用人机交互与自动跟踪相结合的半自动数字化方法完成海图的矢量化。

2)*数字海底地形地貌数据的格式解析*

在公开发行的数字海图中,最常用的是采用S-57标准(.000格式)存储的数据。S-57标准将现实世界中的实体抽象为物标,并将其分为特征物标和空间物标。特征物标描述的是实体属性信息,而空间物标描述的是实体位置信息。特征物标是由实体与一个或多个空间物标的关系来定位的。特征物标可以不参照空间物标而存在,但是空间物标的存在必须参照一个特征物标。

特征物标类的一个实例可以归结为一个特征物标,其可以被赋予一系列属性并精确地描述这些属性赋值。S-57标准定义了四类特征物标,分别为地理类、元类、组合类、制图类。

每一个特征物标有唯一的标识符。例如,地理类物标中的水深用SOUNDG表示,它的属性有EXPSOU、NOBJNM、OBJNAM、QUASOU、SOUACC、SOUACC、STATUS、TECSOU、VERDAT、INFORM、NINFOM、NTXTDX、SCAMAX、SCAMIN、TXTDSC、RTECDAT、RECIND、SORDAT、SORIND,而以上属性不包含水深的深度值,它存于空间物标中。

目前,GDAL/OGR开源库支持对S-57标准格式数据的解析。以下将重点通过GDAL/OGR开源库对S-57标准格式的数据进行解析(GDAL库是一个与地理信息系统专业和遥感专业相关性较强的库,可以读写多种格式的栅格数据和矢量数据),提取其中的水深点。其步骤如下(图1.6):

(1)为支持中文路径,调用CPLSetConfigOption()设置配置选项,并调用OGRRegisterAll()注册所有驱动。

(2)创建一个数据源类指针*poDS,调用 Open()函数,打开.000 电子海图数据,如果打开成功,进行下一步,否则,返回。

(3)创建一个图层类指针*poLayer,调用 poDS→GetLayerByName(),并将返回值传给类指针*poLayer,并判断 poLayer 是否为空,若为空,返回,否则,进行下一步。

(4)调用 poLayer→ResetReading()对图层进行初始化。

(5)创建一个要素类指针*poFeature,调用 poLayer→GetNextFeature(),反复获取下一个要素,将返回值传给 poFeature,判断 poFeature 是否为空,将其作为循环结束的标志。

(6)创建几何对象类指针*poGeometry,调用 poFeature→GetGeometryRef()函数获取当前要素的几何体指针,并调用 poGeometry→GetGeometryType()获取当前物标要素的几何类型,然后就可以读出点、边、面的位置坐标及三维水深信息。

(7)调用 poFeature→GetFieldAsString()获取当前物标指定列的属性信息。

(8)读取数据成功,调用 DestroyFeature(),销毁要素对象,再调用 DestroyDataSource(),关闭数据源。

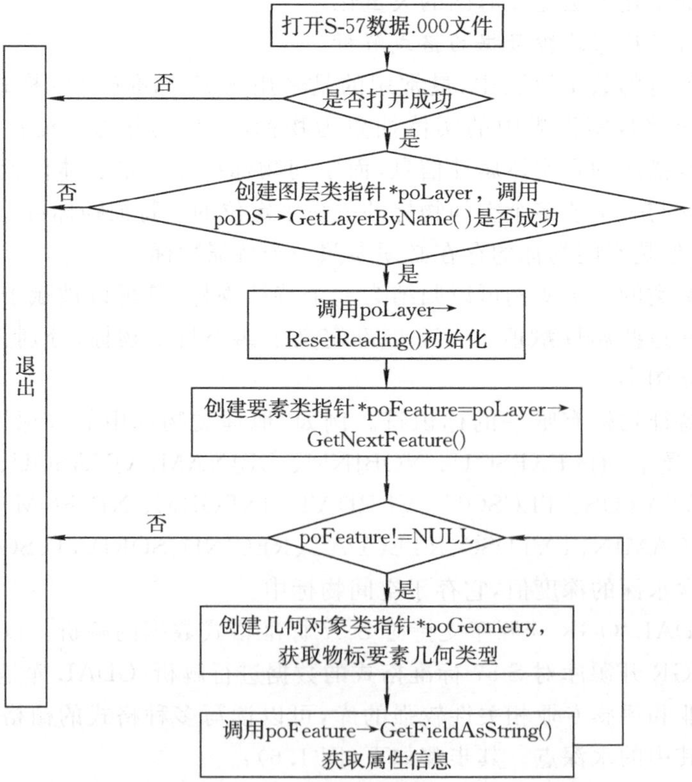

图 1.6　基于电子海图数据的海洋地理信息提取

3)其他海底地形地貌数据的分析处理

从目前搜集的海底地形地貌数据来看,除了常见的数字海图、纸质海图外,还搜集到一些其他格式的海洋地理数据。这些数据主要包括.nc 的网络通用数据、.grd 的格网数据及.xls 的表格数据等。

(1)网络通用数据格式。网络通用数据格式(network common data form, NetCDF)是由美国国家科学委员会资助开发的一种通用的数据存取格式,数据的形状包括单点的观测值、时间序列、规则排列的网格,以及人造卫星或雷达的影像档案。从开发应用的角度,可以把 NetCDF 理解为一个符合输入输出(input/output,I/O)标准的函数库。利用 NetCDF,可以对数据进行高效的存储、管理、获取和分发等操作。

NetCDF 数据文件(后面均称 NC 文件)的格式不是固定的,它是使用者根据需求自己定义的。一个 NC 文件包括三个部分,即维(dimension)、变量(variable)和属性(attribute),三部分共用一个文件句柄,但每一部分都要有自己的名称句柄。事实上,NetCDF 存储的数据是一个多自变量的单值函数。其公式为 $f(x,y,z,\cdots)=\text{value}$,函数的自变量 x、y、z 等在 NetCDF 中叫作维或坐标轴,函数值 value 在 NetCDF 中叫作变量。而自变量和函数值在物理学上的一些性质,如计量单位(量纲)、物理学名称等,在 NetCDF 中就叫属性。

NetCDF 软件实现形式是一个免费的 NetCDF 软件包,内含可访问 NetCDF 数据的工具程序和多种语言的接口函数库。利用其接口函数库可以方便地读取、访问以 NetCDF 存储的水深数据。ArcGIS 软件对 NetCDF 的支持将允许其通过栅格层、点要素层或表格直接读取 NetCDF 数据。

(2)格网数据格式。格网数据文件(GRD 文件)是用远程视景数据产生地图过程的格式文件,可以用 GrADS、Surfer 等软件打开。

——GrADS(Grid Analysis and Display System)是当今气象界广泛使用的一种数据处理和显示软件。该软件通过其集成环境,可以对气象数据进行读取、加工、图形显示和打印输出。

——Surfer 是美国 Golden Software 公司编制的一款画三维图(等高线、影像图、三维表面)的软件。该软件具有的强大插值功能和绘制图件能力,使它成为处理三维坐标(X、Y、Z)数据的首选软件,是地质工作者必备的专业成图软件。

对于. grd 格式的数据,可通过相关软件打开后提取其中需要的数据,也可通过 ArcGIS 二次开发获得其中的数据。

(3)表格数据格式。XLS(XLSX)文件就是办公软件 Excel 的工作表,是一种非常常用的电子表格格式。XLS 文件可以用 Excel 软件打开,另外市场上也有厂家为那些没有安装 Excel 的用户开发了专门的查看器——Excel Viewer。Excel 软件可以将.xls 格式的表格转换为多种格式,即 XML 表格、XML 数据、网页、使用制表符分割的文本文件(*.txt)、使用逗号分隔的文本文件(*.csv)等。采用XLS文件存储水深数据时,通常每行存储一个水深点信息,包括水深点的平面位置、深度值等。利用ADO库可以读取XLS文件,从而读取其中的水深数据。

2.数据坐标转换

海底地形地貌数据的基准是进行数据采集、管理和应用的基础,主要包括水平基准和垂直基准。不同来源的海底地形地貌数据,除了格式不同以外,其采用的水平基准、垂直基准也可能存在差异。因此,在统一数据格式以后,还应结合当前我国作业生产和规范标准的要求,对海底地形地貌数据的水平基准和垂直基准进行统一。

1)水平基准统一

目前,我国海图常采用墨卡托投影,基准纬度需根据图幅所覆盖的地理区域加以确定。此外,水平基准统一还涉及坐标系的统一问题。我国海图统一规定使用2000国家大地坐标系(China Geodetic Coordinate System 2000,CGCS2000)。不同来源的海底地形地貌数据可能采用不同的坐标系,这就存在不同坐标系之间的转换问题。以1984世界大地测量系统(world geodetic system 1984,WGS-84)下的图上坐标转换为2000国家大地坐标系下的图上坐标为例,其转换的基本步骤如下:

(1)将WGS-84坐标系下的图上坐标转换为WGS-84坐标系下的地理坐标。

(2)将WGS-84坐标系下的地理坐标转换为WGS-84坐标系下的空间大地直角坐标。

(3)将WGS-84坐标系下的空间大地直角坐标转换为2000国家大地坐标系下的空间大地直角坐标。

(4)将2000国家大地坐标系下的空间大地直角坐标转换为2000国家大地坐标系下的地理坐标。

(5)将2000国家大地坐标系下的地理坐标转换为2000国家大地坐标系下的图上坐标。

通过上述方法,实现了由WGS-84坐标系下的图上坐标到2000国家大地坐标系下的图上坐标的转换。

2)垂直基准统一

深度基准面的建立与参考椭球定位和全国高程基准确定相比有一定的特殊性,它更明显地具有以方便海图使用为目的的实用性。该面的确定与潮汐的强弱(即当地潮差的大小)有着密切的联系。

我国目前的深度基准面是采用苏联弗拉基米尔斯基方法以8~11个分潮(M_2、S_2、N_2、K_2、K_1、O_1、P_1、Q_1、M_4、MS_4、M_6)调和常数计算的理论最低潮面,即理论深度基准面。深度基准面在当地平均海面下的距离(深度)通常以L表示(L

表示的是一个负值)。

对于不同来源的海底地形地貌数据,中国国内海区垂直基准统一采用理论深度基准面,国外海区统一采用当地深度基准面。

1.3.3 海底地形地貌数据的组织管理

1.标准数据结构设计

海底地形地貌标准数据结构的格式设计从类型上可分为内部存储格式和外部交换格式。内部存储格式包含丰富的信息,最大限度地保留海底地形地貌数据获取的信息及后续处理过程中产生的数据信息;外部交换格式主要用于向其他用户或需求方提供数据,通常只包含基本的位置和深度信息(或根据用户特定需求提供相应的自定义内容)。本书主要讨论外部交换格式的数据结构设计,对于内部存储格式的设计,各生产单位会根据作业实际和需求,设计相应的数据结构,在此不予讨论。

数据结构设计从内容上可以划分为两个部分,即元数据结构设计和数据本身结构设计。数据本身结构设计又可以细分为元数据结构设计、矢量数据结构设计和栅格数据结构设计。

1)元数据结构设计

元数据,又称为数据的数据,主要存储数据的基本信息情况。考虑海底地形地貌数据的特点,制定的元数据应包含如下信息:

(1)标识符(identifier,ID)。海底地形地貌数据产品识别的唯一编码,可根据其相关规范要求制定,如无,可空缺,缺省值为空。

(2)产品名称。记录海底地形地貌数据产品所覆盖的基本地理位置,如大连港附近、舟山群岛周边海域等,可空缺。

(3)版本。记录海底地形地貌数据产品的版本号,如第2版,不可为空。

(4)采集起始日期。记录海底地形地貌数据产品采集的具体起始日期,格式为YYYYMMDD。从左向右,第1～4位为记录年,第5、6位为记录月,第7、8位为记录日,不可为空。

(5)采集终止日期。记录海底地形地貌数据产品采集的具体终止日期,格式为YYYYMMDD。从左向右,第1～4位为记录年,第5、6位为记录月,第7、8位为记录日,不可为空。

(6)制作日期。记录海底地形地貌数据产品的制作日期,格式为YYYYMMDD。从左向右,第1～4位为记录年,第5、6位为记录月,第7、8位为记录日,不可为空。

(7)采集单位。记录海底地形地貌数据的具体采集船舶(或单位),为便于管理,可详细记录,如中远海1号。

(8)制作单位。记录海底地形地貌数据的制作单位,为便于管理,可详细记录,如中国航海图书出版社,不可为空。

(9)所有权单位。记录海底地形地貌数据的所有权归属,不可为空。

(10)数据密级。记录海底地形地貌数据的保密等级,分为公开、内部、秘密、机密、核心机密、绝密,不可为空。

(11)数据量。记录海底地形地貌数据的数据量大小,视数据量大小,采用KB、MB、GB、TB为单位,不可为空。

(12)纬度最小值。记录海底地形地貌数据产品的覆盖范围的最小纬度,以度(°)为单位,不可为空。

(13)经度最小值。记录海底地形地貌数据产品的覆盖范围的最小经度,以度(°)为单位,不可为空。

(14)纬度最大值。记录海底地形地貌数据产品的覆盖范围的最大纬度,以度(°)为单位,不可为空。

(15)经度最大值。记录海底地形地貌数据产品的覆盖范围的最大经度,以度(°)为单位,不可为空。

(16)坐标系统。记录海底地形地貌数据产品所采用的坐标系,应描述准确,如"CGCS2000 坐标系",避免"WGS"这种表述不清晰的记录,尽可能避免此项为空。

(17)附注。记录海底地形地貌数据产品的附加信息,可空缺。

(18)文件位置。记录海底地形地貌数据产品的数据存储位置,便于查找,不可为空。

(19)水平精度。记录海底地形地貌数据产品的数据水平精度,可空缺。

(20)垂直精度。记录海底地形地貌数据产品的数据垂直精度,可空缺。

(21)逻辑一致性。记录海底地形地貌数据产品的逻辑一致性,可空缺。

(22)完整性。记录海底地形地貌数据产品的完整性,可空缺。

(23)现势性。记录海底地形地貌数据产品的现势性,可空缺。

(24)存储格式。记录海底地形地貌数据产品的存储格式,不可空缺。

(25)作业员。记录海底地形地貌数据产品的作业员姓名,不可空缺。

2)矢量数据结构设计

矢量水深数据应至少包含平面位置、深度信息和时间信息。具体如下:

(1)经度,即船舶的经向地理位置(2000 国家大地坐标系,十进制度),精度为小数点后六位,西半球为负,东半球为正。

(2)纬度,即船舶的纬向地理位置(2000 国家大地坐标系,十进制度),精度为小数点后六位,南半球为负,北半球为正。

(3)深度,通常为正值(为负值时,表示干出水深),以 m 为单位。

(4)日期和时间戳,即数据采集获取的日期和协调世界时(UTC)时间戳。

(5)水平不确定度，即海底地形地貌数据在水平方向上的精度，应包含概率分布、置信区间。

(6)垂直不确定度，即海底地形地貌数据在垂直方向上的精度，应包含概率分布、置信区间。

(7)附注，即自由文本值，主要用于描述水深点的其他相关信息，如采集方式、对航线安全的危险等级、注意事项等。

GeoJSON(geography markup language in JSON format)是一种常用的数据编码格式，可以对各种矢量地理数据结构进行编码，支持点、线、面、多点、多线、多面和几何集合等多种几何数据类型。本书建议采用GeoJSON格式对矢量结构的海底地形地貌数据进行组织管理。

首先，GeoJSON对象中必须有一个名字为"type"的成员。这个成员的值是由GeoJSON对象的类型所确定的字符串。type成员的值必须是下面之一："Point""MultiPoint""LineString""MultiLineString""Polygon""MultiPolygon""GeometryCollection""Feature""FeatureCollection"。

其次，GeoJSON对象可能有一个可选的"crs"成员，它的值必须是一个坐标系统的对象；GeoJSON对象还可能有一个"bbox"成员，它的值必须是边界框数组。

基于GeoJSON格式的海底地形地貌数据记录示例如下：

```
"type": "FeatureCollection",
"features": [{
        "type": "Feature",
        "geometry": {
            "type": "Point",
            "coordinates": [62. 832914, 23. 960052]
        },
        "properties": {
            "depth": 19.8,
            "time": "2019-06-07T08:21:39Z",
            "thu": 8.0,
            "tvu": 0.3
            "appendix": "null"
        }
        },
        {
        "type": "Feature",
        "geometry": {
            "type": "Point",
```

```
                "coordinates": [27.143894, 30.125352]
            },
            "properties": {
                "depth": 24.2,
                "time": "2018-04-01T13:17:41Z"
                "thu": 15.0,
                "tvu": 0.5
                "appendix": "null"
            }
        }
```


3)栅格数据结构设计

与矢量水深数据相比,栅格水深数据设计相对简单,考虑其基本信息已在元数据中进行了描述,在数据本体中只需包含平面横、纵方向上的维数和相应的深度数组信息即可。基于此,结合目前海洋界推广使用的 NetCDF,本书将以此格式为基础,设计栅格海底地形地貌数据的结构。

NetCDF 是由美国大学大气研究协会(University Corporation for Atmospheric Research,UCAR)的 Unidata 项目科学家针对科学数据的特点开发的,它是一种面向数组型并适于网络共享的数据的描述和编码标准。目前,NetCDF 被广泛应用于大气科学、水文、海洋学、环境模拟、地球物理等诸多领域。用户可以借助多种方式方便地管理和操作 NetCDF 数据集(Rew et al,1990)。

NetCDF 数据集(文件名后缀为.nc)的格式不是固定的,它是使用者根据需求自己定义的。通常,NetCDF 数据集的格式可由维、变量和属性三个核心组件定义,每个组件都具有唯一的名称和标识符(ID),它们协同工作,共同定义了数据集的结构和内容。NetCDF 库可以同时访问多个数据集,用 ID 来识别不同数据集。变量存储了实际数据,维给出了变量维度信息,属性则给出了变量或数据集本身的辅助信息。属性又可以分为适用于整个文件的全局属性和适用于特定变量的局部属性,全局属性描述了数据集的基本属性及数据集的来源。

一个 NetCDF 文件的结构包括以下对象:

```
NetCDF name{
        Dimensions:  //定义维
        Variables:   //定义变量
        Attributes:  //定义属性
        Data:        //数据
}
```

基于 NetCDF 格式的海底地形地貌数据记录示例如下:

```
netcdf seabed {
    dimensions:
        x = 3 ;
        y = 12 ;
    variables:
        float data(x, y) ;
    data:
        data =
            0.2,1.3,2.1,3.4,2.4,5.1,6.3,7.2,8.5,9.6,10.3,11.1,
            12.2,13.3,14.5,15.6,16.8,17.1,18.3,19.2,20.5,21.6,22.4,23.2,
            24.2,25.4,26.5,27.6,28.7,29.8,30.3,31.4,32.5,33.3,34.6,35.3;
}
```

2. 数据文件(库)管理

考虑海底地形地貌数据的数据量可能会非常庞大,可根据数据量的具体情况,选用适合的数据管理方式。

1)元数据库+海底地形地貌数据文件链接的混合模式

考虑海底地形地貌数据量庞大的情况,直接建立"纯数据库"来组织管理海底地形地貌数据可能会带来一些不可预见的风险。例如:其一,数据库建设经费投入难以维持海底地形地貌数据日益增长的存储量;其二,当前主流的数据库容量可能难以支撑海底地形地貌的数据容量;其三,当前主流的数据库访问能力可能无法满足用户查询海量的海底地形地貌数据(或查询效率低)。

基于此,可采用边建设边论证的方式,探索海底地形地貌数据的数据库管理方式。例如,先采用"元数据库+海底地形地貌数据文件链接的混合模式"来管理海底地形地貌数据。也就是说,只采用数据库来组织管理海底地形地貌数据的元数据,海底地形地貌数据本身则采用数据文件的形式进行管理,并在元数据库中添加文本链接,便于查找相应的海底地形地貌数据。

元数据(metadata),又称中介数据、中继数据,是用来描述数据的数据(data about data),主要是描述数据属性的信息,用来支持如存储位置指示、历史数据查找、资源查找、文件记录等功能。元数据库是按照数据结构来组织、存储和管理数据的数据仓库。元数据库管理模块需要具有较高效率的数据索引,并支持XML格式的元数据存储,提供元数据库的建立和删除、元数据库索引的建立和删除,以及元数据的导入、导出等维护管理功能。元数据库管理模块是一个客户-服务器(client/service,C/S)模式的应用,由具有XML存储管理功能的关系型数据库管理系统作为服务器端,通过具有元数据库管理操作功能的客户端应用实现元数据库管理的各项功能(赵泉,2008)。

元数据库的基本结构通常分为三个层次，反映了观察数据库的三种不同角度，即以内模式为框架组成的数据库叫作物理数据库，以概念模式为框架组成的数据库叫作概念数据库，以外模式为框架组成的数据库叫作用户数据库。

(1)物理数据库。物理数据库是元数据库的最内部层，是物理存储设备上实际存储数据的集合。这些数据既可以是原始数据，也可以是用户加工的对象，其由内部模式描述的指令操作处理的位串、字符和字组成。

(2)概念数据库。概念数据库是元数据库的中间一层，也是元数据库的整体逻辑表示。其指出了每个数据的逻辑定义及数据间的逻辑联系，是存储记录的集合。它所涉及的是数据库所有对象的逻辑关系，而不是它们的物理情况，是数据库管理员概念下的数据库。

(3)用户数据库。用户数据库是使用者所能看到和使用的数据库，表示一个或一些特定用户使用的数据集合，即逻辑记录的集合。

2)元数据库＋海底地形地貌数据库的纯数据库模式

在成熟应用第一阶段“元数据库＋海底地形地貌数据文件链接的混合模式”管理海底地形地貌数据的基础上，探索采用“纯数据库”的形式来管理海底地形地貌数据。例如，可采用 PostgreSQL 空间数据库组织管理海底地形地貌数据。PostgreSQL 空间数据库是一种功能强大、特性丰富的开源数据库，对地理空间数据的支持十分广泛。其提供多种客户端接口库，以满足不同开发者的实际需求。

对于元数据库，可采用关系数据库进行有效的管理；对于海底地形地貌数据库，考虑海底地形地貌数据属于一种典型的空间数据，因此，可以选用空间数据库(如 PostgreSQL 等)进行有效的管理。

空间数据库是指地理信息系统(geographical information system，GIS)在计算机物理存储介质上存储的与应用相关的地理空间数据的总和，一般是以一系列特定结构的文件形式组织在存储介质之上。空间数据库的研究始于 20 世纪 70 年代的地图制图与遥感图像处理领域，其目的是有效地利用卫星遥感资源迅速绘制出各种经济专题地图(张军海 等，2015)。由于传统的关系数据库在空间数据的表示、存储、管理、检索等方面存在许多缺陷，所以产生了空间数据库这一研究领域。传统数据库系统只针对简单对象，无法有效地支持复杂对象(如图形、图像)。与传统的关系数据库相比，空间数据库及其所管理的空间数据，一般具有以下特点(黄杏元，2001；王云飞，2009)：

(1)数据量庞大。空间数据库面向的是地理学及其相关对象，而在客观世界中它们所涉及的往往都是地球表面信息、地质信息、大气信息等极其复杂的现象和信息，因此，描述这些信息的数据容量很大，通常达到 GB 级。

(2)具有高可访问性。空间信息系统要求具有强大的信息检索和分析能力，这是建立在空间数据库基础上的，需要高效访问大量数据。

(3)空间数据模型复杂。空间数据库存储的不是单一性质的数据，而是涵盖了几乎所有与地理相关的数据类型。这些数据类型主要分为三类：①属性数据，与通用数据库基本一致，主要用来描述地学现象的各种属性，一般包括数字、文本、日期类型；②图形图像数据，与通用数据库不同，空间数据库系统中大量的数据借助图形图像来描述；③空间关系数据，存储拓扑关系的数据，通常与图形数据是合二为一的。

(4)对属性数据和空间数据进行联合管理。

(5)空间实体的属性数据和空间数据可随时间发生相应变化。

(6)空间数据的数据项长度可变，包含一个或多个对象，需要嵌套记录。

(7)一种地物类型对应一个属性数据表，多种地物类型共用一个属性数据表。

(8)具有空间多尺度性和时间多尺度性。

(9)应用范围广泛。

§1.4 海底地形地貌数据质量评估

1.4.1 海底地形地貌数据质量评估的基本概念

海底地形地貌数据，作为海洋基础地理信息的一项重要内容，是构建数字海洋、实现智慧海洋建设的前提和基础。海底地形地貌数据质量是海洋地理空间数据库的生命，直接影响基于海洋地理空间数据库的地理信息系统分析处理、决策应用的准确性与可靠性。

海底地形地貌数据作为一种空间数据，其质量评估可以参考当前空间数据质量评估的模型和框架。杜道生等(2000)将空间数据质量评估分为间接评估和直接评估两大类。其中，间接评估是根据数据的来源和质量、生产方法等间接信息对数据进行评估的方法，又称为预估度量；直接评估是通过全面检测或抽样检测的方式对数据(产品)进行评估的方法，又称为验收度量。这两种评估的本质区别是其针对的对象不同，间接评估主要面向一些间接信息，对数据的质量做出推断和估计；而直接评估针对的是数据本身，通过对数据的量算、比较和分析，得到质量评估结果。

基于当前空间数据质量评估的基本框架，本书将海底地形地貌数据的质量评估同样分为间接评估和直接评估。其中，间接评估是指依据数据的主权性、出版单位、现势性、数学基础等间接信息，对其质量做出估计和判断；直接评估是指通过将数据中的要素与其本身的要素或外部的参照数据进行比较，评估分析数据的质量。在直接评估中，部分评估不需要借助外部的资料和数据，可以直接由该数据载负的要素得到评估结果，本书将这种评估简称为“内部评估”；而部分评估需要利用外部的资料和数据(如已公开出版、符合《中国航海图编绘规范》的海图和经过质量控制的航渡式测深数据)作为参照,从而得到评估结果,本书将这种评估简称为"外部评估"。基于此,建立海底地形地貌数据质量评估的基本框架,如图1.7所示。

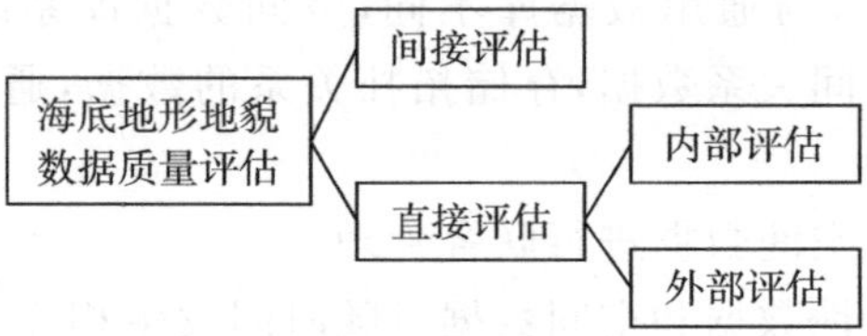

图1.7　海底地形地貌数据质量评估的基本框架

1.4.2　海底地形地貌数据质量评估的研究现状及发展趋势

长期以来,海底地形地貌数据的质量一直是海洋测绘研究和生产者所关注的重点之一。国际海道测量组织(International Hydrographic Organization)也始终强调对全球范围内海图数据的获取及其在快速构建海图产品中的应用(Angrisano,2001)。特别是对于自主测量数据,其误差分析和精度评定方法还是相对较为成熟的。近20多年来,国内外有不少有关海底地形地貌数据质量分析评估的研究。在国外,典型的研究有:Hare(1995)较为系统地分析了多波束测深系统中各种误差因素对测深点误差的影响,建立了条带测量模式的误差传播模型;Calder(2006)和Hare等(2004)分别提出了根据测量误差类型和来源评估单个水深不确定度、加强水深质量控制的思路;国际海道测量组织正式公布了新版的国际海道测量标准S-44(5th),对加强水深质量控制做出了明确的规定;Elmore等(2009)采用贝叶斯网络,对历史水深也进行了不确定度估计。在国内,吴英姿等(2003)对多波束测深系统的精度进行了评估;殷晓冬等(2007)实现了基于声脉冲(ping)的多波束测深精度评估方法;李明叁等(2010)研究了海洋测深网平差的系统误差探测能力;贾建军等(2010)研究了海图的质量元素与质量评价,对海图质量的内涵、海图质量的形成过程和构成海图质量的基本元素进行了系统分析;陈惠荣等(2010)在对数字海图产品质量评价方法与评价内容进行介绍的基础上,运用模糊综合评判数学模型对数字海图产品的质量进行了实例分析;黄毅等(2012)探索了基于规则驱动的数字海图质量检测方法;于彩霞等(2013)提出了基于云模型的数字海图质量评估方法。

考虑海图水深的主要作用是表达海底地形表面高低起伏的形态及为舰船航行提供辅助决策,其与数字水深模型的功能有部分相同之处,因此,其质量评估可借鉴数字水深模型的构建与质量控制方面的理论研究成果。同时,海底地形作为一种地理空间数据,其质量评估的模型可以借鉴当前的GIS空间数据质量评估与控制理论。为此,接下来将从数字水深模型的构建与质量控制、GIS空间数据质量评估与控制两个方面，对支撑海底地形地貌数据质量评估的理论和技术方法做进一步介绍。

(1)数字水深模型的构建与质量控制。数字水深模型是对海底地形表面形态的数字化表达。高质量的数字水深模型，对于舰船的安全航行、海洋工程建设、海底勘探、军事活动等应用领域都有重要意义(Alexander，2001；Smith，2003；张立华 等，2007；Goralski et al，2011；潘明阳 等，2014；汤青慧 等，2015；张安民，2013；贾帅东 等，2012)，故对数字水深模型的构建与质量控制方法的研究也引起了国内外学者的关注。美国国家海洋与大气管理局(National Oceanic and Atmospheric Administration，NOAA)提出了航海表面(navigation surface)的概念，并按照海图制图综合的基本理论与方法，在以水深及等深线构建的航海表面上叠加碍航物等要素，保障舰船航行(Alexander et al，2001；Brenan et al，2005)。Smith(2010)利用多源水深数据，构建了高精度的水深模型，精细地表达了海底地形地貌；贾帅东等(2011，2012，2015)提出了顾及水深复杂度和基于区域平均垂直不确定度的数字水深模型构建方法，构建了更高质量的水深模型，并系统论述了航海数字水深模型构建的相关理论与方法。在针对数字水深模型的质量评估与控制方面，Calder(2010)分析了将水深不确定度用于水深模型质量控制中的可行性及优势；Hare 等(2011)研究了水深建模过程中不确定度评估方法，实现了对水深建模质量的有效控制；张立华等(2012，2015)借鉴深度基准面的定义，从舰船对航行安全的需求出发，提出了深度保证率的概念，在此基础上提出了水深模型深度保证率的合格率及深度表达度指标和相应的评估方法，较传统方法更有效、更全面地评估了水深模型的表达安全性和航行资源的表达程度；贾帅东等(2015)进一步分析了水深模型描述不确定度对航海应用方面安全性的影响，提出了控制描述不确定度影响的方法；曹鸿博等(2016，2017)针对航海数字水深模型与非航海数字水深模型之间的差异展开了研究，并提出了它们相互转化及偏差补偿的方法。综上，目前国内外在数字水深模型的构建与质量控制方面开展了大量的研究，对于定量评估外版海图水深的航行安全性及地形表达准确性具有一定的参考价值。

(2)GIS 空间数据的质量评估与控制。空间数据对于 GIS 非常重要，其质量是 GIS 分析结果是否准确和合理的重要因素。目前，国内外学者围绕 GIS 空间数据的质量评估与控制，取得了许多值得借鉴的研究成果。杜道生等(2000)根据 GIS 空间数据质量评价方法，提出了相应质量度量模型，对科学、合理地进行数据质量评估具有概念级的指导意义；Duckham 等(2000)利用分形几何的方法，对数字矢量地理数据质量评估方法进行了研究；William 等(2001)针对不同类型的地理信息产品，提出了适应不同特点的空间数据质量评估方法；吴芳华(2002)对矢量地图数据质量检验、评估和控制的技术、手段及方法，从理论到实践进行了系统的研究和探讨；蓝悦明(2003)系统研究了空间数据位置不确定性的问题，建立了空间数据不确定度估计和传播的理论体系与估计方法；曾衍伟等(2004)对空间数据质量模型进行了系统、深入的研究，并探究了空间数据质量检验与评价的实用方法；彭强勇(2007)针对矢量基础地理数据的质量及特点，深入分析了影响矢量基础地理数据质量的各种因素，探究了相关评估模型及方法。总结并分析国内外相关文献，可以看出，与 GIS 空间数据质量评估及控制相关的理论和技术方法已经得到了广泛的研究，一些空间数据质量模型对于外版海图水深数据质量定量评估具有指导意义。

当前，对于海图中海底地形地貌数据的质量评估，通常需要由海图生产作业中的编辑员依据其数据来源、现势性等信息，结合自身的作图经验，将海图简单地划分为基本数据、补充数据和参考数据三个等级，供作业人员编绘新图时使用。虽然国内外许多学者对海底地形地貌数据质量进行了一些分析，但目前仍缺少全面、系统、深入的研究。为此，针对当前海图质量评估依靠作业人员经验感知和定性分析、缺少定量评估指标和方法等问题，本书以海图中水深点和等深线两类典型要素为主要研究对象，构建了海底地形地貌数据质量评估的基本框架，系统地研究了海底地形地貌数据质量的评估理论与方法。

第 2 章　海底地形地貌数据质量评估的基础理论

海底地形地貌数据种类较多，数据采集途径较多，数据记录的形式和数据存储的格式不尽相同。以水深数据为例，其主要包括：①以原始测量水深数据形式存储的文本文件(.txt)、表格文件(.xls)及各种海道测量软件的内部格式文件(如.hob、.dmf)等；②采用网格形式存储的网格文件(.grd)、网络通用数据格式文件(.nc)、Esri 数据格式文件(.bil)等；③以海图水深数据格式存储的成果文件(如.000、.e00、.shp)等。因此，为便于后续对数据质量进行评估，需要针对不同来源、不同类型、不同形式的数据，建立一套科学合理的质量评估体系。

§2.1　海底地形地貌数据质量评估的基本流程

图 2.1 所示为本书提出的海底地形地貌数据质量评估的基本流程，主要分为两个阶段：①海底地形地貌数据的预处理；②海底地形地貌数据的质量评估。

(1)海底地形地貌数据的预处理主要是对不同来源、不同格式的海底地形地貌数据进行分类、转换处理，可进一步细分为对数据的收集分类和提取转换。

第一，收集分类。海底地形地貌数据种类、来源繁多，需要分析各类数据的共性和特性，编制具体的技术设计书，并依据技术设计的要求，对所收集的数据进行分类整理，以便于进行后续处理。

第二，提取转换。在对数据进行梳理分类后，需要对数据进行必要的前期处理。首先，对于收集的数据，应根据其格式分别加以处理。对于文本、shp、NetCDF、e00 等常用数据格式的数据，尽可能地进行解析；对于格式难以解析的数据，可考虑利用 ArcGIS、MapInfo 等软件读出后转换成可以解析的格式；对于纸质资料，应进行纸质图扫描、图像几何校正、矢量编辑处理等工作。然后，将已解析(或已完成矢量化)的数据，统一转换到我国海图目前使用的水平基准和垂直基准，并编辑制作相应的元数据，以便于后续应用。

(2)海底地形地貌数据的质量评估主要采用间接评估和直接评估两种手段来完成。在评估完成后，数据的质量等级可分为以下四级：

第一级为基本数据，是指在海底地形地貌数据编辑制作过程中的基本数据，主要包括船测数据、海图、地形图等数据。该类数据一般要求可靠性高、现势性强、便于复制或转换。

第二级为补充数据，是指在海底地形地貌数据编辑制作过程中因基本数据未能有效覆盖区域而通过其他方式补充的数据。该类数据一般要求可靠性较高、现势性较强、易于复制或转换。

第三级为参考数据，是指在海底地形地貌数据编辑制作过程中用于辅助制图人员认知、分析理解，以及充实个别不完善内容的数据。该类数据一般不能直接用于数据制作，仅供参考使用。该类数据一般要求具备一定的可靠性和现势性，以便能够为数据制作提供正确的参考和指导。

第四级为不合格数据，该类数据质量不合格，一般不使用。

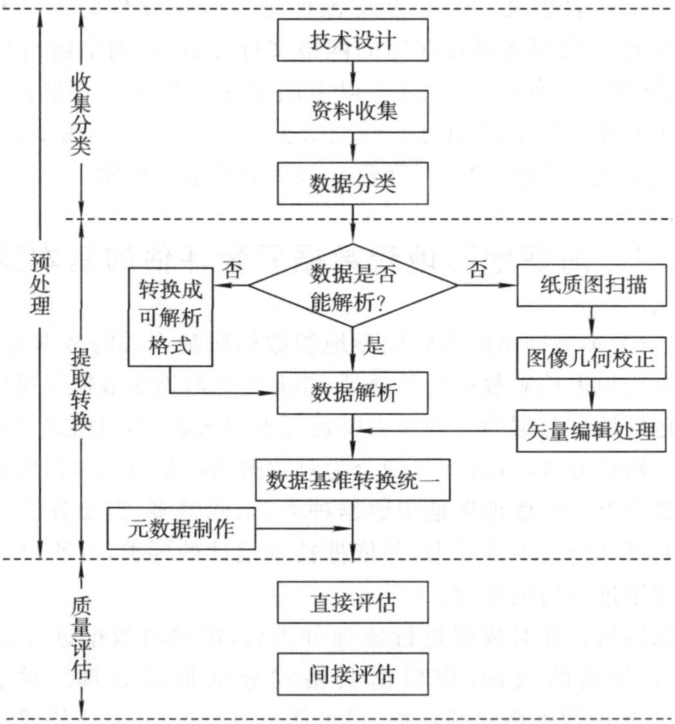

图 2.1 海底地形地貌数据质量评估的基本流程

§2.2 海底地形地貌数据的预处理流程

2.2.1 收集分类

海底地形地貌数据处理的技术设计是项目实施初期的关键步骤，其目的是根据用户或社会对海底地形地貌数据成果的各项需求(包括明示的、通常隐含的或必须履行的需求或期望)，详细阐述海底地形地貌数据在生产制作的过程中需要注意的事项，并合理地选择生产路线和技术流程。最终，技术设计应形成相应的文本文件，包括质量控制与评估手段，以确保海底地形地貌数据成果质量能够满足用户需求。

资料收集是指依据技术设计的相关要求，尽可能全面地收集本书所涉及海区范围内纸质（或数字）的航海图、海底地形图、水深资料图，以及公开（包括开源或志愿）发布的水深数据等海底地形地貌资料。

与海底地形地貌相关的资料收集主要包括各类基础的海底地形地貌数据（如航海图、海底地形图、水深资料图、开源水深数据），作为辅助、参考补充使用的水深数据，以及各类用于指导海底地形地貌数据分析的其他海洋地理空间数据（如岸线图板、陆地地形图、障碍物一览表等）。

对于收集的各种典型海底地形地貌资料，首先，按纸质和数字形式分为两大类，每个大类下再分为海图数据和非海图数据两个亚类；然后，按照资料来源国家，对各亚类资料进行分类、整理；最后，按照资料制作年份进行排序。依照此分类顺序，建立数据存储目录，即纸质/数字—海图数据/非海图数据—国家—年份。数字资料可直接存放于对应目录下；纸质资料先扫描，再将扫描数据存放于相应目录下。

根据所收集的资料，应尽可能地查找关系到其质量的相关信息，具体包括资料种类、国家、资料年份、地理范围、水平基准、垂直基准、定位手段、测深手段等，为后续海洋基础资料元数据库的建立、资料的查询管理奠定基础。对于所收集资料的某些信息缺失栏目，应有明确的标识。

2.2.2　提取转换

在录入各类海底地形地貌数据以后，需要对这些数据进行科学的组织管理。设计并编辑制作信息丰富的元数据格式，是管理多源海底地形地貌数据的有效方法。这里采用第 1 章所述的元数据标准数据结构作为海底地形地貌的元数据模型，对待评估的数据进行分析，以编辑制作出相应的元数据。需要说明的是，由于此时尚未对海底地形地貌数据进行质量评估，故所制作的元数据中相关的质量元素信息暂时为空（或设定为一个初始的默认值）。

在确定元数据的基础上，按照 1.3.2 节所述方法，对不同来源的水深数据进行坐标转换，并根据指定的数据结构生成统一格式的水深数据。

§2.3　海底地形地貌数据的质量评估

2.3.1　海底地形地貌数据质量的间接评估

海底地形地貌数据质量的间接评估主要是通过海底地形地貌数据中的元数据（或通过分析数据历史来源等手段）获取一些间接信息，以此来分析、确定数据的质量，而非直接对最终的数据集进行评估。在进行间接评估时，这些间接信息只能按照数据集形成的数据流中误差传播的途径来选择，通常可以从数据源质量、数据生产质量和数据加工处理质量三个层面进行评估。数据源质量又可进一步细分为源图形数据质量、源属性数据质量和文档数据质量；数据生产质量包括数字化质量和数据转换质量；数据加工处理质量受到计算误差、拓扑分析和用户叠置分析结果的影响，如图 2.2 所示。

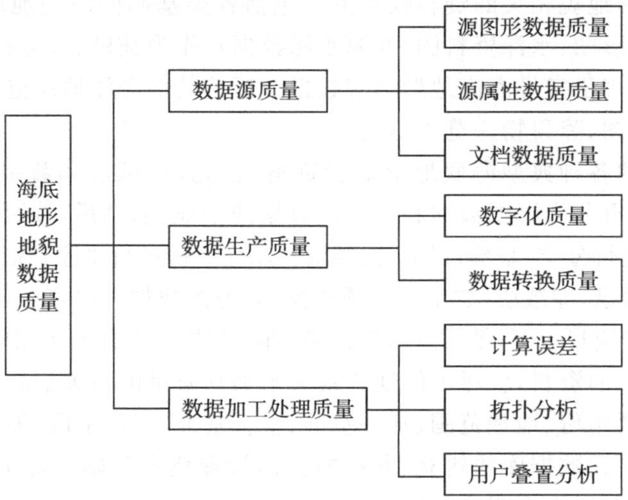

图 2.2　海底地形地貌数据质量的间接评估

2.3.2　海底地形地貌数据质量的直接评估

一般来讲，地理信息系统空间数据质量是指地理信息系统空间数据适用于不同应用的性能情况，主要包括位置精度、属性精度、逻辑一致性、完备性和现势性等。同时，衡量数据质量的标准会随着具体应用的特点和要求而变化，这是由地理信息所表达的现实世界的无限复杂性和模糊性，以及人类认识和表达能力的局限性所决定的。因此，海底地形地貌数据质量评估问题可理解为对海底地形地貌数据在各种具体实际应用中的适用性与可靠性的评估问题。

目前，海底地形地貌数据的应用主要包括以下两个方面：

(1)服务于舰船的水面(或潜艇的水下)航行。这一应用与陆地地形表达的要求有所不同，它要求海底地形地貌的表达能够保证舰船海上航行的安全。在此基础上还要尽可能表达出可以航行的区域(或航线)，其质量通常用保证率和表达度来度量。

(2)服务于海洋工程建设、海洋科学研究等。这一应用与陆地地形表达的要求相类似，它要求海底地形表达准确，其质量通常用精度来度量。

当然，海底地形地貌数据亦属于地理信息系统空间数据，因此，其质量评估同样应包含位置数据质量、属性数据质量、数据逻辑一致性、数据完备性和数据现势性等地理信息系统空间数据质量评估中的共性问题。

为此，下面将以地理信息系统空间数据质量评估中的几个关键要素为基本框架，针对海底地形地貌数据的自身特点，系统研究海底地形地貌数据的质量评估问题。

基于空间数据直接评估模型，将海底地形地貌数据的质量元素分为逻辑一致性、要素完备性、属性精度、位置精度，并将每一质量元素的评估内容细化如下：

(1)逻辑一致性。以数字表示的空间数据在自然界中存在一定的逻辑关系，逻辑一致性评估主要是检验地理数据关系上的可靠性。对于外版海图的水深数据来说，需要检查水深点与等深线之间的要素组合是否符合逻辑关系，是否与现实世界的实际情况相一致，有无相互矛盾或歧义的现象。例如，在 10 m 等深线的两侧，一侧应为深度值小于(或等于)10 m 的水深点，另一侧则应为深度值大于 10 m 的水深点。本书将此项评估内容简称为水深点与等深线语义一致性评估。

(2)要素完备性。海底地形地貌数据的要素完备性评估主要是检测其数据表达是否完整、能否满足制图人员使用的要求。在本书中，针对海底地形地貌数据要素完备性的评估主要包括两个环节：一是评估水深的密度是否符合《中国航海图编绘规范》(GB 12320—2022)的相关规定，此环节简称为水深点密度完备性评估；二是对其等深线弯曲处周围进行检查，判断其是否具备与等深线弯曲处相协调的水深，此环节简称为等深线弯曲处协调水深完备性评估。

(3)属性精度。属性精度主要是指数据所载负的地理信息的正确性。对于海底地形地貌数据来说，需要检查外版海图中是否存在应该是特殊水深但在图上却未被标为特殊水深的水深点，此环节简称为特殊水深属性精度评估。

(4)位置精度。位置精度也称几何精度，主要是指数字化实体的位置(坐标值)偏离其真实位置(坐标值)的程度。位置精度用于描述空间数据的质量，直接影响海图数据的质量水平和应用价值。要进行海底地形地貌数据的位置精度评估，需要对水深注记的平面位置和深度值进行分析。首先，在平面位置精度评估中，外版海图中存在若干特殊水深，如果其在海图中的平面位置偏差太大，就会对舰船的航行安全构成威胁。同时，特殊水深平面位置中误差的计算结果也可以在一定程度上反映海图水深平面位置的整体精度情况，因此需要进行全面、细致的分析。然后，在评估水深注记的深度值时，由于在海图中，海底地形是由一组不同深度的水深点组成的，而单个、孤立的水深点不具有形态意义，所以只有相邻水深点的空间与拓扑特性才可以反映海底地形的不同形态。因此，需要利用外版海图的水深数据建立数字水深模型，实现海底地形表面形态的数字化表达，然后评估该数字水深模型的质量。考虑海图的主要用途是保障舰船航行安全及准确表达海底地形，本书将从保障舰船航行安全性和海底地形表达准确性两个方面对数字水深模型的质量进行分析，实现对水深注记深度值的定量评估。

在以上列出的质量元素和评估内容中，逻辑一致性、要素完备性与属性精度的评估不需要借助外部的资料和数据，可以用内部评估方法进行定量分析；位置精度需要借助我国已有高质量海图或航渡式测深数据进行比对分析，即需要用到外部评估方法。

综上所述，将海底地形地貌数据的质量元素和评估内容列出，如表 2.1 所示。

表 2.1 海底地形地貌数据质量定量评估内容

<table>
<tr><th>评估方法</th><th>质量元素</th><th colspan="2">评估内容</th><th>评估内容描述</th></tr>
<tr><td rowspan="4">内部评估</td><td>逻辑一致性</td><td colspan="2">水深点与等深线语义一致性</td><td>水深点与等深线之间的要素组合是否符合逻辑关系</td></tr>
<tr><td rowspan="2">要素完备性</td><td colspan="2">水深点密度完备性</td><td>水深点密度是否符合相关规定</td></tr>
<tr><td colspan="2">等深线弯曲处协调水深完备性</td><td>等深线弯曲处周围是否有协调水深</td></tr>
<tr><td>属性精度</td><td colspan="2">特殊水深属性精度</td><td>是否标注出所有特殊水深</td></tr>
<tr><td rowspan="4">外部评估</td><td rowspan="4">位置精度</td><td rowspan="2">平面位置</td><td>特殊水深的平面位置精度</td><td>是否有特殊水深的位置误差超过限值</td></tr>
<tr><td>水深平面位置的整体精度</td><td>特殊水深平面位置的中误差</td></tr>
<tr><td rowspan="2">深度值</td><td>舰船航行安全性</td><td>能否保障舰船的航行安全</td></tr>
<tr><td>地形表达准确性</td><td>能否准确表达海底地形</td></tr>
</table>

在对外版海图数据进行预处理后，即可通过分析数据本身的相互关系，对其水深数据质量进行内部评估，得到水深点与等深线语义一致性、水深点密度完备性、等深线弯曲处协调水深完备性及特殊水深属性精度的评估结果。然后分析该外版海图的制图范围，如果该海图的某制图区域与已有的、通过“三级审核，一级验收”、符合《中国航海图编绘规范》要求的高质量海图有重叠，即将此高质量海图作为参照数据，检验海底地形地貌数据的位置精度；如果在外版海图难以找到前述可靠资料重叠的区域，可利用该区域内已有的航渡式测深数据对海底地形地貌数据中的深度值的精度进行检验评估。

综合海底地形地貌数据的预处理步骤和各项评估内容，建立海底地形地貌数据质量定量评估的流程，如图 2.3 所示。

综上所述，借鉴当前空间数据质量评估的基本流程，将海底地形地貌数据的质量评估分为间接评估和直接评估。在介绍间接评估时，本章剖析了当前我国海图制图单位对外版海图资料进行评估和分级时的常用做法，然后针对其多为依赖定性分析的间接评估，缺少直接评估的定量指标与方法的不足，基于空间数据质量直接评估模型，列出了海底地形地貌数据的质量元素和评估内容，接着根据外版海图的特点，明确了数据预处理的关键步骤，建立了海底地形地貌数据质量定量评估的流程，为海底地形地貌数据质量的定量评估构建了较为清晰的基本框架，为后续开展具体试验和分析奠定了基础。

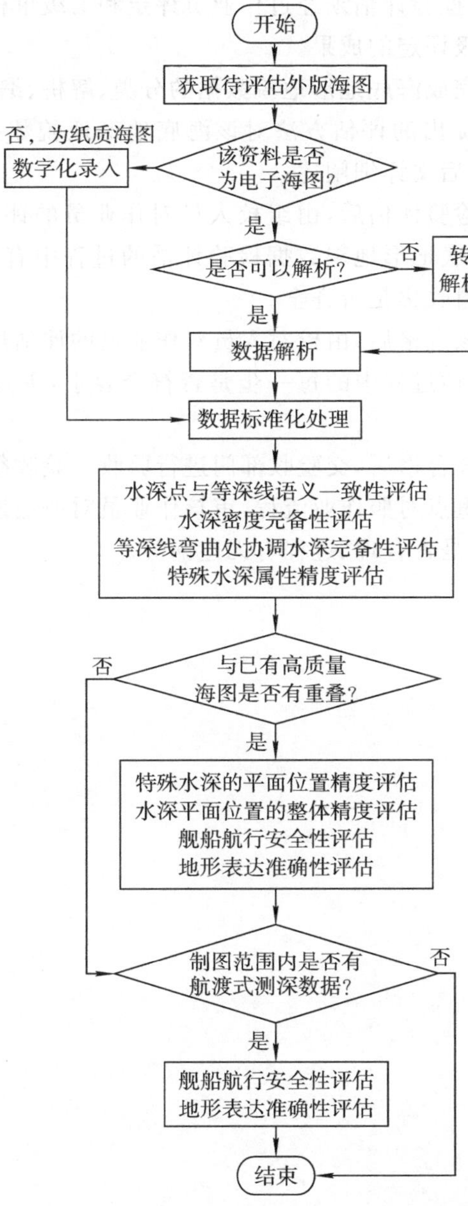

图 2.3　海底地形地貌数据质量定量评估的流程

2.3.3 海底地形地貌数据质量的分级评定机制

海底地形地貌数据的检验评估须经过作业员评定和三级审核、验收,才能最终确定数据的质量,形成分级评定的成果。

(1)自检。作业员在完成海底地形地貌数据的分类、解析、编辑、转换等前期预处理工作后,采用本书所提出的评估方法对该海底地形地貌数据进行检验评估。具体检验评估的方法将在后文详细阐述。

(2)组校。经作业员检验评估后,由组校人员对作业员的评估过程进行初审,重点检查作业员在进行海底地形地貌数据检验评估的过程中有无明显的遗漏项、元数据制作是否完备、资料收集是否齐全。

(3)校对。经组校审核合格后,由校对人员对作业员的评估过程进行终审。终审须全面检查作业员在评估过程中的每一步是否符合要求,重点检查作业员易出现错误或易遗漏的地方。

(4)验收。经校对审核合格后,交验收部门进行验收。验收须对之前所有检查中出现的问题进行复检,重点对照作业流程,审核作业员对海底地形地貌数据进行检验评估时所使用的手段是否合理、过程有无遗漏等。

第3章 海底地形地貌数据质量的间接评估

§3.1 坐标系统的间接评估

3.1.1 不同椭球坐标系及其特点

为了建立地球坐标系，需选择一个形状和大小与大地水准面最为接近的旋转椭球来代替大地水准面。从理论上讲，这个椭球体应该为一个与地球最为密合的球体。从具体实践来讲，通常先用重力技术推算大地水准面，然后用数学的最佳拟合方法，求解与大地水准面最为贴合的一个旋转椭球体，由此确定它的形状和大小，即椭球体的扁率和长半轴(或短半轴)。拟合原则一般是让大地水准面与椭球面相应点之间的差异值平方和为最小。由于不同时期各国所掌握的测量技术、设备存在一定的差异，因此，在不同历史时期、不同国家(或地区)，其采用的坐标系统也各有不同，即地球椭球体的基本几何参数会有差异。

19世纪初至20世纪中期，比较著名的主要有贝塞尔椭球(1841年)、克拉克椭球(1866年)、海福德椭球(1910年)和克拉索夫斯基椭球(1940年)等。自20世纪60年代以来，空间大地测量学的兴起和发展为研究地球形状和引力场开辟了新途径。国际大地测量学和地球物理学联合会(International Union of Geodesy and Geophysics，IUGG)已推荐了更精密的椭球参数，如第16届IUGG大会推荐的1975国际椭球参数等。随后，又诞生了WGS-84坐标系。WGS-84坐标系是一个协议地球坐标系，原点是地球的质心，Z轴的指向为1984年定义的协议地球极点方向，属地心坐标系。2005年10月，我国海军航海图率先采用WGS-84坐标系；2006年9月，中国海事局也开始在海图上采用WGS-84坐标系。

自新中国成立以来，我国最初建立的1954北京坐标系应用的是克拉索夫斯基椭球，之后建立的1980西安坐标系应用的是1975国际椭球。自2018年7月1日起，自然资源部规定全面使用2000国家大地坐标系(CGCS2000)。

2000国家大地坐标系的原点为包括海洋和大气的整个地球的质量中心，是地心坐标系。2000国家大地坐标系是通过2000国家GPS大地控制网的ITRF97、ITRF2000下的坐标(和速度)实现的，精度约为3 cm。2000国家大地坐标系和WGS-84(G1150)坐标系是基本相容的，两者坐标基本一致。

我国所使用的几种常见椭球的参数如表3.1所示。其中，参数a、b、f、e、e'分别表示椭球的长半轴、短半轴、扁率、第一偏心率、第二偏心率。

表 3.1　我国所使用的几种常见椭球的参数

参数	克拉索夫斯基椭球	1975 国际椭球	WGS-84 椭球	2000 国家大地坐标系椭球
a/m	6 378 245	6 378 140	6 378 137	6 378 137
b/m	6 356 863.018 8	6 356 755.288 2	6 356 752.314 2	6 356 752.314 1
f	1/298.3	1/298.257	1/298.257 223 563	1/298.257 222 101
e^2	0.006 693 421 622 966	0.006 694 384 999 588	0.006 694 379 990 13	0.006 694 380 022 90
e'^2	0.006 738 525 414 683	0.006 739 501 819 473	0.006 739 496 742 27	0.006 739 496 775 48

上述四类常见坐标系的特点如表 3.2 所示。

表 3.2　常见坐标系的特点

坐标系	椭球名称	椭球类型	建成时间	坐标类型	椭球长半轴 a/m	扁率 f	椭球定位方式	坐标系维数	相对精度
1954 北京坐标系	克拉索夫斯基	参考椭球	20 世纪 50 年代	参心坐标系	6 378 245	1∶298.3	与局部大地水准面最吻合	2	10^{-6}
1980 西安坐标系	1975 国际椭球		1979		6 378 140	1∶298.257			
WGS-84 坐标系	WGS-84	总地球椭球	1984	地心坐标系	6 378 137	1∶298.257 223 563	与全球大地水准面最密合	3	10^{-8}～10^{-7}
2000 国家大地坐标系	CGCS 2000		2008		6 378 137	1∶298.257 222 101			

3.1.2　WGS-84 与 2000 国家大地坐标系的比较

目前，国外海底地形地貌数据采用的多为 WGS-84 坐标系，而我国已全面开始使用 2000 国家大地坐标系。为理解这两种坐标系的异同，以更好地进行评估分析及实际应用，本节将对这两种坐标系进行比较。

以前测量形成的 WGS-84 坐标成果，其实都是相对某一个坐标框架和历元的数据。就某一点来说，由于国际地球参考框架（international terrestrial reference frame，ITRF）是动态的，因此，不同框架历元坐标数值是有区别的。对于某一特定国际地球参考框架，不同时期同一点观测数据的处理结果的坐标值也是不同的。这一现象的主要成因有点与点之间的相对位置发生变化、板块运动、极移和章动、观测误差、网形等。

2000 国家大地坐标系也是相对某一个坐标框架和坐标参考历元的坐标系，其种类、坐标原点、坐标轴的定义与 WGS-84 坐标系是一致的。但由于坐标框架、坐标参考历元和采用的参考椭球扁率有别，故相互之间的坐标值也有差异。

2000 国家大地坐标系与 WGS-84 坐标系均基于空间网点的坐标和速度实现，区别在于：WGS-84 坐标系的更新需要通过 GPS 监测站坐标的检测来实现。先后于 1994 年、1996 年和 2001 年对 GPS 监测站的坐标进行了 3 次更新，确保其框架对国际地球参考框架的兼容。因此，从坐标系定义和实现的角度，可以认为 2000 国家大地坐标系和 WGS-84(G1150)坐标系是相容的；在坐标系的实现精度范围内，2000 国家大地坐标系坐标和 WGS-84(G1150)坐标系坐标是一致的。

同一点在 CGCS2000 椭球上的正常重力值与在 WGS-84 椭球上的正常重力值的差异约为 $0.02\times10^{-8}\ ms^{-2}$，经度相同，纬度的最大差值约为 $3.6\times10^{-6}{}''$，相当于 0.11 mm。这主要是由椭球参数的不同而引起的，给定点位在某一框架和某一历元下的空间直角坐标，该点投影到 CGCS2000 椭球和 WGS-84 椭球上所得的纬度的最大差异相当于 0.11 mm。在一定的测量精度水平(坐标测量精度为 1 mm，重力测量精度为 $1\times10^{-8}\ ms^{-2}$)下，由两个坐标系参考椭球的扁率差异引起的同一点在 WGS-84 坐标系和 2000 国家大地坐标系下的坐标变化和重力变化是可以忽略的。

§3.2　定位系统精度的间接评估

3.2.1　岸基无线电定位系统精度的间接评估

岸基无线电定位系统是指利用岸基无线电波直线恒速的传播特性，根据固定(或运动)物体的位置进行定位的技术。一般而言，岸基无线电定位系统主要是通过直接(或间接)测定无线电信号在已知位置的固定点(岸台)与船之间传播的时间、相位差、振幅或频率的变化，确定距离、距离差、方位等定位参数，进而用位置线确定待定点的位置(如船位)。

岸基无线电定位系统的发展历史有 50 多年，各国相继发展了 20 余种，如罗兰 A(LORAN-A)、罗兰 C(LORAN-C)、脉冲/8、ARGO、台卡、奥米加、赛里迪斯、马西兰、近导-Ⅳ、近导-Ⅰ、哈菲克斯系统等。本节对其中的部分定位系统及其精度进行介绍。

1. LORAN-A 系统

LORAN-A 系统是利用 LORAN 接收机测定两个(或两个以上)LORAN-A 台对的时差以确定船位，属于中程、中频、脉冲双曲线导航系统。地面发射台按台对工作，一般由 1 个主台与 2 个副台组成 2 个台对，构成 LORAN-A 台链，发射 1.75～1.95 MHz 的脉冲波。每条台链按规定发射同一频率的脉冲波，但 2 个台对的脉冲重复频率不同，副台在接收主台脉冲后，经过一段时间延迟，再发射副台脉冲。船上用 LORAN-A 接收机测量主、副台脉冲到达的时间差，求得 2 个台到测者的距离差，获得 1 条以主台和副台之间位置为焦点的双曲线。改换接收机的台对选择开关，再测出另一台对的主、副台到达的时间差，又可以获得另一条双曲线。2 条双曲线的焦点即为确定的位置。定位作业通常在专用的罗兰海图上进行，确定船位后，须将船位移至航行海图上。

在白天，LORAN-A 系统地波的传播距离约为 750 n mile，定位精度为 0.5～1.5 n mile；在夜间，由于天电等干扰相较白天有所增大，地波的传播距离约为 500 n mile，天波的传播距离达 1 400 n mile，定位精度为 2～4 n mile。

2. LORAN-C 系统

LORAN-C 系统是目前世界上广泛应用的一种远程导航系统，是一种岸基远程脉冲—相位双曲线无线电定位系统，兼有脉冲系统和相位系统的优点，有效作用距离为 2 400 km。整个系统由发射台、接收机组成。发射台包括机房设备（主要是大功率发射机）和室外天线，分为主台和多个副台，主台和副台按一定的几何布局布设，其形式为 LORAN-C 台链。LORAN-C 台链通常由 1 个主台、2 个副台组成。台链发射的是 8 个脉冲为 1 组（主台实际发射 9 个脉冲，最后 1 个脉冲供主副台识别之用）的脉冲群，每个脉冲之间的间隔为 500 μs 或 1 000 μs。

LORAN-C 位置线是通过测量由主、副台的同步脉冲信号到达的时间差，以及主、副台脉冲内同步的 100 kHz 的相位差来确定的。地波的精度在几十米到 463 m 之间不等，而天波的精度通常为几百米。

3. 脉冲/8 系统

脉冲/8 系统是一种岸基无线电导航定位系统，采用的是脉冲相位体制，其工作载频为 100 kHz，因此能够远距离工作而不受天波的干扰，在海上的有效距离最长可达 900 km。

脉冲/8 系统在工作区内的定位精度与台链的几何布局有关，一般的定位精度为 50～100 m，系统可全天候提供无多值性的连续定位数据。在某些特定的航道交通管制的应用中，适当的布局可以得到 10～15 m 的定位精度。

4. ARGO 系统

1974 年，美国加利福尼亚州圣地亚哥市的立体西方数据（Cubic Western Data）公司研制成一种精密的远程无线电定位系统——自动测距格网覆盖系统（automatic ranging grid overlay，ARGO）。

ARGO 系统为岸基中频近海无线电定位系统，工作频段为 1 600～2 000 kHz，作用距离可达 800 km，定位精度为 5～50 m，与移动台至岸台的距离有关。

3.2.2 卫星定位系统精度的间接评估

卫星定位系统是一种使用卫星对目标进行准确定位的技术。它从最初的定位精度低、不能实时定位、难以提供及时的导航服务，发展到如今的高精度全球导航卫星系统（GNSS），实现了在任意时刻、在地球上任意一点可以同时观测到 4 颗以上的卫星,以便实现导航、定位、授时等功能。

在海底地形地貌数据采集中,采用的卫星动态定位的方法可简单地分为单点定位法和差分定位法,而差分定位法又分为坐标差分法、伪距差分法、载波相位平滑伪距差分法和纯载波相位差分法,差分模式主要为单差。

伪距差分法和载波相位平滑伪距差分法是主要的海道测量定位方法,具体又分为单站差分、局域差分和广域差分。它们的主要差别在于区域采用的差分站(监测站、跟踪站)个数及分布,定位精度的优化效果取决于差分站的控制范围。在差分站有效的控制范围内,定位精度为 3～5 m 量级。

单点差分和局域差分仅能控制几千米至几百千米的距离,作用距离在陆地上受到地形的限制,在海上受到数据链传播能力等因素的影响,其定位精度随着差分站距离的增大而降低,因而仅适用于沿岸和近岸范围的海道测量。高精度、远距离的海上定位则宜用广域差分方法,以获得准确的卫星轨道偏差和传播路径误差的模型,并有效地削弱这些误差的影响。采用广域差分技术,可以在 1 000 km 的范围内达到 2 m 的平面定位精度。

采用纯载波相位测量的实时动态(real-time kinematic,RTK)技术是目前海道测量导航定位应用的高级形式,其关键技术是接收差分站信息后在运动中快速在线求解整周模糊度,这种定位方式可给出厘米级的定位精度水平。

3.2.3　水声定位系统精度的间接评估

水声定位系统是使用水下声标测定舰船或其他目标相对位置的海上定位技术和方法。声学定位技术是水声定位系统常用的一种技术,是利用水声设备在一个特定的时间和空间中对已知目标进行定位,即确定目标(如船只)的方位和距离。目前,在水下进行定位和导航最常见的方法就是声学方法。水声定位的相对坐标是相对某一参照物的位置而言的,这个参照物有时就是基阵的载体(通常相对坐标系的某一个轴线与舰船的艏艉线重合)。它并不真正给出目标的大地坐标位置。通常将所说的水声定位系统测得的目标位置与参照物位置结合起来,并进行坐标变换,就能得到水下目标在大地坐标系中的位置或轨迹。

1912 年,第一台水声测深仪在美国问世后,开始有了水声助航设备。在第二次世界大战中,利用其对水下目标的探测和测量受到了重视,并在战后得到了迅速的发展。1958 年,美国华盛顿大学应用物理实验室在达波湾建成了三维坐标跟踪水下武器靶场。这种水下定位跟踪技术在 20 世纪 60 年代后期得到广泛应用,成为鱼雷靶场的主要测试方法。迄今为止,国内外水下武器靶场使用的水下定位跟踪系统有多种类型,按其安装方式可分为固定式跟踪系统、活动式(船载)跟踪系统和轻便式跟踪系统。固定式跟踪系统的水下测量设备大多固定在海底,其范围大、费用高,只能在固定海区使用;活动式(船载)跟踪系统的全部设备都固定安装在活动平台上，试验时随活动平台开往试验海区；轻便式跟踪系统的体积和质量相对较小，可以随时布放和回收，并可通过飞机、车辆和船只从一个试验区运送到另一个试验区。这三种水下定位跟踪系统虽然在结构上有较大差别，但均是依赖几何原理的声学定位方法。

根据接收基阵的基线，可以将水声定位系统分为三类，即长基线（long base-line）水声定位系统、短基线（short base-line）水声定位系统、超短基线（ultra short base-line）水声定位系统。

（1）长基线水声定位系统。长基线水声定位系统的基阵长度为几千米到几十千米的量级，通过测量水下目标声源到各个基元间的距离确定目标的位置。

（2）短基线水声定位系统。短基线水声定位系统的基阵长度一般为几米到几十米的量级，利用目标发出的信号到达接收阵各个基元的时间差，解算目标的方位和距离。

（3）超短基线水声定位系统。超短基线水声定位系统的基阵长度一般为几厘米到几十厘米的量级。与前两种不同，它是利用各个基元接收信号间的相位差来解算目标的方位和距离。

若按照工作方式来划分，以上三种定位系统都可以选择使用同步信标工作方式或应答器工作方式。同步信标工作方式要求在待测目标或测量船上都安装高精度同步时钟系统，信标按规定的时刻定时发射信号，并据此确定目标位置。应答器工作方式要求在应答船和测量船上都安装询问（应答）发射机和接收机。

综上所述，长基线水声定位系统定位的精度取决于测距的精度和定位的几何图形，目前一般能达到 5～20 m。声波在水下传播时，受能量损失和折射的影响，最大测程一般为 5 km 左右。长基线水声定位系统的优点为：独立于水深值，具有较高的定位精度；增加了多余观测值；对于大面积的调查区域，可以得到非常高的相对定位精度；换能器非常小，易于安装。长基线水声定位系统的缺点为：系统复杂，操作烦琐；声基阵数量巨大，费用昂贵；需要长时间布设和收回海底声基阵；需要对海底声基阵进行详细校准测量。

短基线水声定位系统的精度取决于测距的精度、水深、船舶的瞬时姿态和航向角，定位精度可达 2 m。短基线水声定位系统的优点为：集成系统价格低，操作简便容易；能实现基于时间测量的高精度距离测量；具有固定的空间多余测量值；换能器体积小，安装简单。短基线水声定位系统的缺点为：深水测量要达到较高的精度，基线长度一般需要大于 40 m；安装系统时，换能器需在船坞进行严格校准。

超短基线水声定位系统的精度可以达到分米级。超短基线水声定位系统的优点为：集成系统价格低，操作简便容易；只需一个换能器，安装方便；测距精度高。超短基线水声定位系统的缺点为：系统安装后的校准需要非常准确，而这往往难以达到；测量目标的绝对位置精度依赖于外围设备（电罗经、姿态传感器和深度传感器）的精度。

§3.3　海底地形地貌数据的间接评估

当前，我国海图出版单位在对不同历史时期、不同国家的海底地形地貌数据、重力测量数据及磁力测量数据进行评估时，通常会将数据分为 A、B、C、D 四个等级。一般认为，A 级数据来源可靠、质量可靠、可直接使用；B 级数据来源相对可靠、质量合格，但部分内容可能需要经过简单处理才能使用；C 级数据来源不可靠、质量不能保证，局部可参考使用或需要经专业处理后可用；D 级数据基本不可用，有特殊需求的可酌情使用。

在确定评估内容及标准时，根据各评估项目对数据评估的重要程度，将评估项目划分为主要项目和辅助项目。其中，主要项目必须全部满足对应等级，才能将此数据评定为相应等级；辅助项目对数据评估起辅助作用，一定数目的项目可低于根据主要项目评定的等级，但只能低于数据评定等级的一个等级，不能低两个或两个以上等级，否则评估等级降一级。

3.3.1　水深测量数据的间接评估

水深测量数据的间接评估内容和标准如表 3.3 所示。

表 3.3　水深测量数据的间接评估内容和标准

<table>
<tr><th colspan="2" rowspan="2">项目</th><th colspan="4">等级</th></tr>
<tr><th>A 级</th><th>B 级</th><th>C 级</th><th>D 级</th></tr>
<tr><td rowspan="4">主要项目</td><td>测量单位</td><td colspan="2">具有海洋测绘专业资质的单位</td><td>测绘资质不详或无测绘资质</td><td rowspan="4">不能评为 A、B、C 级的所有测量数据</td></tr>
<tr><td>数学基础</td><td>基准面(深度基准、高程基准)、坐标系、投影(含中央经线及带号、基准纬线)、比例尺等信息明确，常用</td><td>基准面、坐标系、投影(含中央经线及带号、基准纬线)、比例尺等信息明确，但不常用；或个别信息不明确，但可通过已知信息计算获取</td><td>基准面、坐标系、投影(含中央经线及带号、基准纬线)、比例尺等主要信息不明确，无法计算获取</td></tr>
<tr><td rowspan="2">控制网</td><td>纸质资料图廓点、坐标网、控制点展绘符合《海道测量规范》(GB 12327—2022)要求，注记准确、齐全；纸质扫描图像按纸质资料评估，下同</td><td>纸质资料图廓点、坐标网、控制点展绘低于《海道测量规范》要求，注记有误或不完整</td><td>纸质资料无控制网，仅有四个角点坐标</td></tr>
<tr><td colspan="2">数据资料能够获取图形定位所需的位置信息</td><td>数据资料缺少必要的定位信息</td></tr>
</table>

续表

<table>
<tr><th rowspan="2" colspan="2">项目</th><th colspan="4">等级</th></tr>
<tr><th>A级</th><th>B级</th><th>C级</th><th>D级</th></tr>
<tr><td rowspan="2">主要项目</td><td>水深主点</td><td colspan="2">主点位置明确，或有文字描述说明主点位置</td><td>主点位置未知</td><td rowspan="8">不能评为A、B、C级的所有测量数据</td></tr>
<tr><td>改正情况</td><td colspan="2">已进行了吃水、声速、水位等改正</td><td>未改正，但有吃水、声速、水位等改正参数</td></tr>
<tr><td rowspan="5">辅助项目</td><td rowspan="2">载体</td><td>纸质资料无破损、存在不影响精度或读图的折痕</td><td>纸质资料略有破损但不影响影像判读</td><td>纸质资料有破损或有影响精度的折痕，但可用</td></tr>
<tr><td>数据资料可读取，有字库、符号库或有数据字典</td><td>数据资料可读取，字库、符号库或数据字典不完善</td><td>数据暂时不能读取，但通过相关技术手段处理后可读取使用；数据为文本文件，其点位属性信息完整</td></tr>
<tr><td>水深点密度</td><td>大部分区域（70%以上）相邻水深图上距离不大于1 cm，单波束相邻测线之间的距离不大于1.5 cm</td><td>大部分区域（70%以上）相邻水深图上距离不大于1.5 cm，单波束相邻测线之间的距离不大于2 cm</td><td>大部分区域（70%以上）相邻水深图上距离不大于3 cm</td></tr>
<tr><td>测量时间</td><td>5年内</td><td>5～10年内</td><td>大于10年</td></tr>
<tr><td>鉴定验收</td><td colspan="2">有结论且结论为可以采用</td><td>有结论且结论为仅供参考，无结论或未经鉴定验收</td></tr>
</table>

3.3.2 外版海图水深数据质量的间接评估

当前，我国从国外收集、购买的海底地形地貌数据除水深测量数据外，还包括大量的外版海图数据。在对其质量进行评估时，海图出版单位的制图人员通常会根据外版海图的主权性、出版单位资质、现势性、数学基础等要素，分析推断其质量，并按照外版海图可使用的程度将其分为基本数据、补充数据和参考数据。虽然评估的过程依赖作业人员多年积累的工作经验，且其中的方法大多是定性而非定量的，但从我国海图生产的长期实践来看，其为制图人员在使用外版海图的水深数据时提供了宝贵意见和重要依据，具有一定的参考价值。需要说明的是，这种做法的评估对象是整幅海图而非其水深数据，但外版海图的质量评估与分级结果也基本上反映了其水深的质量。因此，本节在介绍外版海图水深数据质量的间接评估方法时，主要是对当前将外版海图划分为基本数据、补充数据和参考数据的做法的依据和原则进行剖析。

1. **基本数据**

基本数据是指作为在编海图基本内容或主要内容的图形数据。一般来说，可作为基本数据的外版海图应满足下列条件：

(1)可靠性高，测量或出版单位具备相应的测绘资质。

(2)现势性强，内容完备，精度高，反映客观真实、合理。

(3)比例尺大于或接近成图比例尺。

(4)投影与在编海图相同或制图网形状接近。

(5)便于进行复制、转绘或数据转换。

需要说明的是，在第(2)点的现势性评估中，除考虑外版海图的出版(编制)时间外，还需结合其调绘时间、数据采集或更新时间、出版时间、印刷时间、测量时间、小改正时间、大改正时间、入库时间等，多方面进行综合分析。

以海图为载体的海底地形地貌数据种类繁多，情况各不相同，每一种数据并不一定能满足在编海图的所有要求，因此需要结合各种数据的具体情况，权衡利弊，取长补短。例如，在编制太平洋中部英属某岛屿的海图时，有两种版本的数据可供选择，经读图分析，两幅外版海图基本信息如表 3.4 所示。

表 3.4　两幅外版海图的基本信息

海图信息项	英版 1638	美版 82571
比例尺	1∶63 360	1∶63 360
投影	日晷投影	日晷投影
测量时间	1862 年英国测量	1890 年、1943 年英国测量
出版时间	1890 年第 1 版	1975 年第 1 版
	1975 年第 3 版	1985 年第 3 版
小改正时间	1976 年	1985 年
坐标系	主图与附图坐标系不一致	主图与附图坐标系一致
单位	英制	国际制

由表 3.4 中两幅外版海图的信息可看出，虽然该地区有所属国的海图资料，但现势性较差，所以若只分析这两种海图的图面信息，应该选择美版 82571 号海图作为基本数据。当然基本数据的最终确定还要依据两种版本资料的精度、内容完备性等其他条件。

2. **补充数据和参考数据**

若基本数据未能完全覆盖在编海图的局部区域，或基本数据区域内的要素仍需补充、更新，则需要另选海图作为补充数据。可作为补充数据的海图一般应满足下列条件：

(1)可靠性高，测量或出版单位具备相应的测绘资质。

(2)现势性较强,内容较完备,反映客观真实、合理。

(3)比例尺不小于制图比例尺的 5 倍。

(4)投影与在编海图相同或制图网形状接近。

(5)易于进行复制、转绘或数据转换。

补充数据并不意味着数据不重要或数据的精度较差,有时补充数据的内容是相当重要的,可以用来弥补制图区域内基本数据的不足。

参考数据是指辅助制图人员认识制图地理区域、帮助其分析并充实基本数据和补充数据个别不完善内容的数据。参考数据一般不能用作编图的基本数据和补充数据,但对个别要素的编绘和修订可以起到辅助或参考的作用。

3. 数据评估分级细则

在对当前作业人员评估和分级外版海图数据的做法进行整理和细化,并添加了一些评估中的辅助项目后,将部分可确定的基本数据、补充数据和参考数据的评估分级细则在表 3.5 中列出。

表 3.5　海底地形地貌数据评估分级细则

<table>
<tr><th colspan="2">项目</th><th>基本数据</th><th>补充数据</th><th>参考数据</th></tr>
<tr><td rowspan="4">主要项目</td><td>出版(编制)单位</td><td>出版、编制、发行单位明确</td><td>出版、编制、发行单位不明确,或不具有出版、发行资格,但有海图编制能力的机构</td><td>出版、编制、发行单位不详</td></tr>
<tr><td>数学基础</td><td>基准面(深度基准、高程基准)、坐标系、投影(含中央经线及带号、基准纬线)、比例尺等信息明确、完整;比例尺大于或接近在编海图比例尺;投影与在编海图相同或制图网形状接近</td><td>基准面(深度基准、高程基准)、坐标系、投影(含中央经线及带号、基准纬线)、比例尺等信息明确、完整;或个别信息不明确,但可通过已知信息计算转换后使用;比例尺不小于在编海图比例尺的 5 倍;投影与在编海图相同或制图网形状接近</td><td>基准面(深度基准、高程基准)、坐标系、投影(含中央经线及带号、基准纬线)、比例尺等主要信息不明确且无法计算获取</td></tr>
<tr><td rowspan="2">控制网</td><td>控制网间隔不超过 230 mm,注记准确、完整</td><td>控制网间隔超过 230 mm</td><td>图幅尺寸大于 230 mm 而缺少控制网,仅有 4 个角点坐标</td></tr>
<tr><td colspan="2">数据资料能够获取图形定位所需的位置信息</td><td>数据资料缺少必要的定位信息</td></tr>
</table>

续表

<table>
<tr><th colspan="2">项目</th><th>基本数据</th><th>补充数据</th><th>参考数据</th></tr>
<tr><td rowspan="3">辅助项目</td><td rowspan="3">载体</td><td>纸质资料无破损，无折痕或存在不影响精度或读图的折痕</td><td>纸质资料略有破损，存在折痕但不影响精度和判读</td><td>纸质资料有破损或有影响精度的折痕，但可用</td></tr>
<tr><td colspan="2">扫描资料图像清晰，栅格图像分辨率不低于 200 dpi（每英寸点数）</td><td>扫描资料图像模糊，栅格图像分辨率低于 200 dpi</td></tr>
<tr><td>数据资料内容可读取，有配套的字库、符号库等，内容完整</td><td>数据资料内容可读取，有配套的字库、符号库等，但内容有缺失</td><td>数据资料内容可读取，无字库或无符号库等</td></tr>
</table>

需要说明的是，虽然外版海图的主权性和现势性是其质量评估中需重点关注的要素，但其情况较为复杂，不确定因素较多，往往需要作业人员利用自身工作经验，根据实际情况具体分析、权衡利弊，不能仅依据海图出版（编制）的国家（或地区）和出版（编制）时间简单地得出结论，故未在上述表中列出。

第4章　海底地形地貌数据质量通用指标的直接评估

在与海底地形地貌数据相类似的地理信息系统空间数据研究中，许多学者提出了评估地理信息系统空间数据的质量元素和指标，但目前尚无统一的空间数据质量模型。不同类型的数据应采用不同的数据质量评估模型。

总的来说，空间数据质量的评估方法可分为直接评估法和间接评估法。直接评估法是通过数据与内部和(或)外部参考信息的比较来确定数据质量；间接评估法是对数据的来源和质量、生产方法等间接信息进行数据质量评估的方法。

本章基于地理信息系统空间数据质量模型，结合海底地形地貌数据的特点，同时考虑海底地形地貌数据的服务对象需求，建立海底地形地貌数据质量评估模型，并以此为基础，提出更具针对性、可操作性的数据质量评估方法。

§4.1　海底地形地貌数据中逻辑一致性评估

4.1.1　逻辑一致性评估元素分析

海底地形地貌数据的逻辑一致性是指表达海底地形地貌的水深点和等深线在图形拓扑关系、深度值语义关系、属性项语义关系等方面是否存在逻辑错误或矛盾，具体的二级质量元素包括图形逻辑一致性、属性逻辑一致性，三级质量元素包括水深点拓扑一致性、等深线拓扑一致性、水深点与等深线语义一致性，参见表4.1。其中，图形逻辑一致性主要是指水深点、等深线要素在自身内部必须保持正确的拓扑关系；属性逻辑一致性主要是指水深点与等深线二者之间的要素组合要符合逻辑关系，即符合现实世界的实际情况，不能存在相互矛盾或有歧义的现象，如在10 m等深线的两侧，一侧应为小于(或等于)10 m的水深点。

表4.1　逻辑一致性评估元素分析

一级质量元素	二级质量元素	三级质量元素
逻辑一致性	图形逻辑一致性	水深点拓扑一致性
		等深线拓扑一致性
	属性逻辑一致性	水深点与等深线语义一致性

4.1.2　图形逻辑一致性评估

1. 水深点拓扑一致性评估

水深点拓扑一致性评估相对简单，只需分析图幅内是否存在位置相同的水深点即可。

2. 等深线拓扑一致性评估

等深线拓扑一致性评估主要检查线段自相交、两线相交（或部分重合）、线段打折等。

1）线段自相交

等深线的线段自相交是指同一条等深线内部自身存在交点。若存在线段自相交错误，会在构建拓扑关系时出现无意义的小多边形，从而影响利用数据进行空间分析的质量。

线段自相交检查是基于求线段上直线段的交点坐标并判断交点位置是否在线段上，从而判断等深线要素是否存在线段自相交错误。实现步骤如下：

（1）读入一条线段。

（2）计算直线段的最小外接矩形，即从起点开始，求得相邻两个节点组成的直线段的最小外接矩形。

（3）比较最小外接矩形。首先，以第1条直线段的最小外接矩形为基准，依次与第3条、第4条、……、第 $N-1$ 条直线段的最小外接矩形进行比较；然后，以第2条直线段的最小外接矩形为基准，依次与第4条、第5条、……、第 $N-1$ 条直线段的最小外接矩形进行比较；最后，以第 $N-3$ 条直线段的最小外接矩形为基准，与第 $N-1$ 条直线段的最小外接矩形进行比较，记录最小外接矩形存在交叉的两条直线段的ID号。

（4）判断直线段是否相交并计算交点坐标。如果最小外接矩形存在交叉的两条直线段相交，则求出交点坐标。

（5）判断交点位置。比较交点坐标是否在对应的两条直线段的起止点坐标之间，判断是否存在自相交错误。

（6）记录错误。若交点位于两条直线段的起止点坐标之间，则这两条直线段自相交，并将结果记入文件。

（7）返回步骤（3）继续，直到交点为线段的两个端点为止。

（8）检查完成后，将检查结果文件以信息列表的方式表达，由作业员通过人机交互方式进行错误确认。

2）两线相交（或部分重合）

两线相交是指不应该相交的两条线存在交点，如两条等深线相交即是错误。两线相交的检查方法如下：

(1)依次读入每条线段,并计算其最小外接矩形。

(2)对线段的最小外接矩形进行两两比较,判断是否可能相交。

(3)针对最小外接矩形存在交叉的两条线段,利用两条线段上相邻两个节点组成的直线段进行相交判断,并求出交点坐标。

(4)判断交点位置是否位于两条线段上。

(5)记录错误。如果交点位于两条直线段上,则存在两线相交错误,并在文件中记录存在错误的位置。

(6)如果不是最后一条直线段,则返回步骤(3)继续;如果是,则转入下一步。

(7)如果不是最后一条线段,则返回步骤(2)继续;如果是,则转入下一步。

(8)检查完成后,将检查结果文件以信息列表的方式表达,由检验员通过人机交互方式进行错误确认。

3)线段打折

线段打折即一条线本应该沿原数字化方向继续前进,但受数字化员手的抖动或其他原因的影响,线的方向与原来的数字化前进方向产生了一定的夹角。线段打折检查方法如下:

(1)读入一条线段。

(2)依次利用三个相邻的节点坐标,计算夹角。

(3)如果角度为锐角,则有可能存在打折错误,将检查结果记入文件,并记录存在错误的位置。

(4)返回步骤(1)继续。

(5)检查完成后,将检查结果以列表的方式表达,由检验员通过人机交互方式进行错误确认。

3.试验与分析

选取某作业过程中的三幅数字海图上的水深点和等深线,采用所提指标分析评估航海图上水深点和等深线的拓扑一致性。为了论证本书所提方法的适用性,对试验海图进行了一定的编辑处理,使得海图上存在多处水深点重合、多处等深线自相交。具体试验结果如表 4.2 所示。

表 4.2 水深点、等深线拓扑一致性评估试验结果 单位:个

海图编号	水深点拓扑不一致		等深线拓扑不一致	
	实际数量	本书方法检测数量	实际数量	本书方法检测数量
10012	3	3	6	6
11381	5	5	4	4
11385	4	4	3	3

由表 4.2 可以看出,本书所提方法可以自动查找水深点、等深线拓扑不一致的

问题，查找的准确率为 100%，说明本书所提方法可行。需要说明的是，经系统发现后，作业员已对数字海图进行了校对修改。

4.1.3　属性逻辑一致性评估

1. 水深点与等深线语义一致性

某点的水深是指该点深度基准面到真实海底的距离，等深线是海图中水深相等的各水深点的连线。水深点与等深线语义一致性是指水深点与等深线对海底地形地貌起伏变化的表达应当一致，不可出现相互矛盾或有歧义的现象。例如，干出高度必须位于 0 m 等深线所围区域的内部；深度值小于(或等于)2 m 的水深点，必须位于 2 m 等深线所围区域的内部，且必须位于 0 m 等深线所围区域的外部；深度值在(2 m,5 m]区间内的水深点，必须位于 2 m 等深线所围区域的外部，且必须位于 5 m 等深线所围区域的内部，依次类推。如图 4.1 所示，被虚线框标出的几处即为与等深线发生语义一致性错误的水深注记。

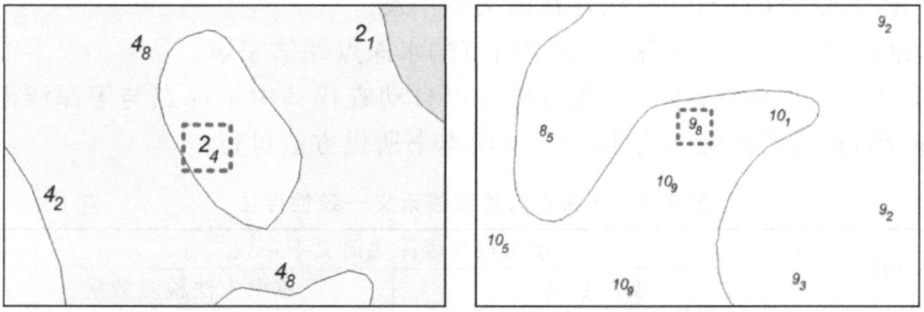

(a) 浅于2 m的区域内存在深于2 m的水深点　(b) 深于10 m的区域内存在浅于10 m的水深点

图 4.1　水深点与等深线语义不一致的两个示例

2. 水深点与等深线语义一致性定量评估

在对外版纸质海图进行数字化录入并转换为数字海图矢量数据交换标准格式后，干出滩及不同深度区间的区域会以多边形的形式存储，因此只要判断水深点是否位于深度范围与该水深值相符合的区域内即可。判断水深点是否位于某一深度范围的区域，需要用到检测点是否位于多边形内部的算法。如图 4.2 所示，给出判断点 (X_0,Y_0) 是否落在以 $(x_1,y_1),(x_2,y_2),\cdots,(x_n,y_n)$ 为顶点的多边形内部的计算方法。

(1)计算 $M_y=\min\{|Y_0-y_i|: i=1,2,\cdots,n\}$。

(2)以 (X_0,Y_0) 为端点，以 $M_{y/2}/M_x$ 为斜率作一条射线。根据 M_x 和 M_y 的计算方式，该射线不会与多边形的任何一个顶点 (x_i,y_i) 相交。在该射线上取一点 (X',Y')，其为 (X_0+2M_x,Y_0+M_y)，计算以 (X_0,Y_0)、(X',Y') 为端点的线段与多边形各边的交点，并记录交点的数量。

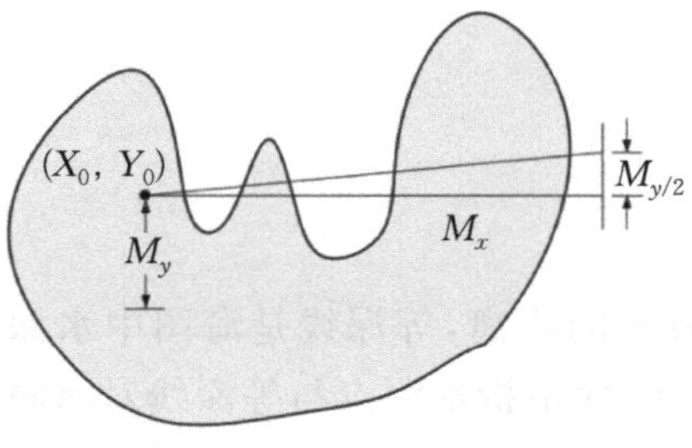

图 4.2 判断点是否处在多边形内部

(3)判断步骤(2)中所得交点的数量，如果为奇数，则 (X_0, Y_0) 在多边形内；如果为偶数，则 (X_0, Y_0) 在多边形外。

在评估水深点与等深线语义一致性时，可按以下步骤进行：

(1)读取海图中的一个水深点 P_i，该水深点的平面坐标为 (X_i, Y_i)，深度值为 z_i，根据该海图所含等深线深度值的划分情况，判断 P_i 应处的深度区间 $(z_{\min}, z_{\max}]$。

(2)读取海图中深度区间为 $(z_{\min}, z_{\max}]$ 的所有区域，利用之前所述方法判断 (X_i, Y_i) 是否位于其中任一区域的内部。若是，执行步骤(4)；反之，则执行步骤(3)。

(3)记录该水深点与等深线存在语义不一致。

(4)继续评估下一个水深点，直至所有的水深点评估完毕。

由表 4.3 可以看出，本书所提方法可以自动查找其中水深点与等深线语义不一致的问题，查找的准确率为 100%，说明本书所提方法可行。

表 4.3 水深点与等深线语义一致性评估 单位：个

海图	水深点与等深线语义不一致	
	实际数量	本书方法检测数量
Ⅰ	3	3
Ⅱ	5	5
Ⅲ	4	4

§4.2 海底地形地貌数据中要素完备性评估

4.2.1 要素完备性评估元素分析

海底地形地貌数据要素的完备性是指海底地形地貌数据在图形表现、属性描述和元数据表达等方面的完整性与正确性是否符合当前作业规范的要求，具体包括水深点密度完备性、等深线弯曲处协调水深完备性，以及等深线图形完备性，如表 4.4 所示。

表 4.4　要素完备性评估元素分析

一级质量元素	二级质量元素	三级质量元素
要素完备性	水深点的完备性	水深点密度完备性
		等深线弯曲处协调水深完备性
	等深线的完备性	等深线图形完备性

4.2.2　水深点密度完备性评估

水深点密度完备性评估主要检查海图上各相邻水深点之间的间距是否符合《中国航海图编绘规范》的要求。

1. 水深点密度指标的定义

根据误差理论，随机变量的数字特征主要有期望和方差，而衡量精度的指标有很多，如中误差、方差、或然误差、平均误差、极限误差和相对误差等，其中最为常用的是中误差和方差。由此，本节选择水深点的平均间距（期望）、中误差、偏移中误差和间距符合率等指标来评估水深点密度。

1）平均间距的定义

三角网中顶点与所有邻接顶点的间距的平均值称为平均间距。如图 4.3 所示，水深三角网中，以 O 为顶点的相邻点有 A、B、C、D、E 和 F，其平均间距为点 O 与相邻 6 点间距的和的平均值，即（1.2＋1.5＋1.2＋1.3＋1.3＋1.3）÷6＝1.3（cm）。对于航海图上整个水深三角网而言，其平均间距就是所有边长（间距）的平均值。

依照规范，水深间距主要取决于水深值的大小。规范将水深值分成 3 个不同水深区间，分别是 0～20 m、20～50 m、深于 50 m，对应 3 个不同水深间距范围。因此，需要从不同的水深区间对应的不同水深间距范围来讨论平均间距的大小。考虑航海图主要保障舰船的安全航行，对于 50 m 以上的这一区间暂时不做讨论，关于其他指标的讨论也是如此。

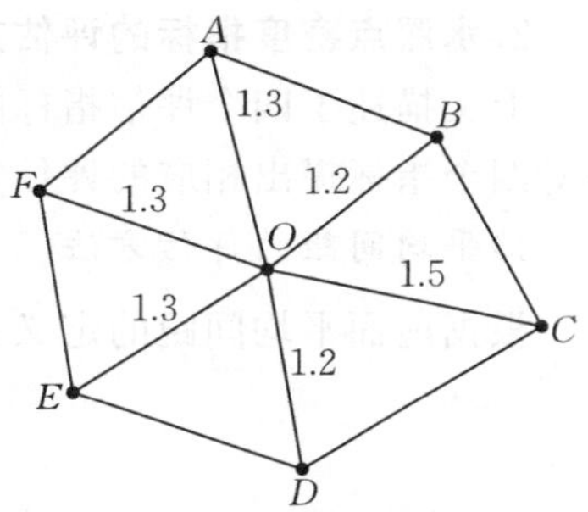

图 4.3　平均间距示意

2）中误差与偏移中误差的定义

误差理论中，中误差是指误差分布的密集或离散的程度，反映了精度的高低。一般意义上的中误差主要是偏离均值的程度。水深间距的确定存在偶然误差，其数学期望为 $E(\Delta)=0$。根据中误差定义，中误差计算公式为 $\sigma=\lim\limits_{n\to\infty}\sqrt{\sum\limits_{i=1}^{n}\Delta_i^2/n}$，而一幅海图上 n 为一个确定的常数，是一个有限值，所以由有限个水深值只能求得中误差的估值 $\hat{\sigma}$，用其来代替 σ，即 $\sigma \approx \hat{\sigma} = \sqrt{\sum_{i=1}^{n} \Delta_i^2 / n}$。因此，将航海图上偏离平均间距的程度称为中误差，记为 σ；但由于规范中水深间距的要求并不是一个确切的值，而是一个间距范围，故将航海图上偏离水深间距要求的程度称为偏移中误差。定义了偏移中误差，也就衍生出了偏短中误差和偏长中误差。顾名思义，偏短中误差是指短于规范要求下限的程度，偏长中误差是指长于规范要求上限的程度。偏短中误差和偏长中误差将更具体地反映不符合规范要求的水深间距的离散情况，是偏大还是偏小，以便于做出进一步的调整。需要说明的是，当水深间距符合规范要求时，认为这一间距没有偏移，也就不存在误差。中误差和偏移中误差在一定程度上都可以反映水深间距的偏移情况。

3）间距符合率的定义

中误差和偏移中误差只是反映了图上水深间距偏离规范要求的程度，而图上的水深间距质量情况由间距符合率这一指标具体描述。间距符合率是指所有的水深间距中符合规范要求的间距的边数占所有间距的边数的百分比。通过定义间距符合率这一指标，可以明确所要评估的海图的水深间距的符合情况，即有多少水深间距是按照规范的要求选取的，有多少间距是未按照规范的要求选取的。这对于评估水深点密度更有说服力。正如图 4.3 所示，若 O、A、B、C、D、E 和 F 点的水深值均在 20 m 以内，且 O 点到 A、B、C、D、E、F 点的图上距离均在 1～1.5 cm，即水深点 O 的间距符合《中国航海图编绘规范》要求，则间距符合率为 100%。

2.水深点密度指标的评估方法

上文描述了四个评估指标的定义，简单阐述了评估指标在航海图上的意义，下面对四个指标提出相应的评估方法。

1）平均间距的评估方法

根据前面平均间距的定义，便可得到水深注记的平均间距 $\overline{d}$ 的计算公式，即

$$\overline{d} = \sum_{i=1}^{n} d_i / n \tag{4.1}$$

式中，n 表示图上水深点构建的三角网的总间距数，d_i 表示第 i 个水深间距的大小。

同理，0～20 m、20～50 m、深于 50 m 的水深区间的平均间距依次类推。

2）中误差与偏移中误差的评估方法

设图上水深间距的中误差为 σ，根据中误差理论，得

$$\sigma = \sqrt{\sum_{i=1}^{n} \Delta_i^2 / n} \tag{4.2}$$

式中，Δ_i 表示第 i 项误差，n 表示统计点个数。

利用平均间距的计算方法，可以得到水深间距的中误差，即

$$\sigma=\sqrt{\sum_{i=1}^{n}(d_i-\bar{d})^2/n} \tag{4.3}$$

设图上水深间距的偏移中误差为 ω，规范要求的水深间距范围的端点记为 d_0，d_0 可取的值为 1.0 cm、1.2 cm、1.5 cm、1.8 cm、2.0 cm、3.0 cm，第 j 个不符合规范要求的水深间距记为 d_j，则偏移中误差为

$$\omega=\sqrt{\sum_{j=1}^{n}(d_j-d_0)^2/n} \tag{4.4}$$

同理，偏短中误差 ω_1 为

$$\omega_1=\sqrt{\left[\sum_{i=1}^{m}(1.0-d_i)^2+\sum_{j=1}^{n}(1.2-d_j)^2\right]/(m+n)} \tag{4.5}$$

式中，将第 i 个深度位于 0～20 m 且数值小于 1.0 cm 的水深点间距记为 d_i，m 表示该类情况的总数；将第 j 个深度位于 20～50 m 且数值小于 1.2 cm 的水深点间距记为 d_j，n 表示该类情况的总数。

偏长中误差 ω_2 为

$$\omega_2=\sqrt{\left[\sum_{i=1}^{m}(1.5-d_i)^2+\sum_{j=1}^{n}(2.0-d_j)^2\right]/(m+n)} \tag{4.6}$$

式中，1.5 cm 和 2.0 cm 分别是水深区间 0～20 m 和 20～50 m 的水深间距要求的上限值。

3）间距符合率的评估方法

若该水深点与相邻点的间距 d_{ij} 符合《中国航海图编绘规范》对水深间距的要求，则认为这两点的间距是合格的，记为 1，反之记为 0。第 i 个点与第 j 个相邻点的间距是否合格用 φ_{ij} 表示，则

$$\varphi_{ij}=\begin{cases}1, & d\in[1.0,1.5] \text{ 且 } h\in[0,20)\\ 1, & d\in[1.2,2.0] \text{ 且 } h\in[20,50)\\ 1, & d\in[1.8,3.0] \text{ 且 } h\in[50,+\infty)\\ 0, & \text{其他}\end{cases} \tag{4.7}$$

根据间距符合率的定义，可得到间距符合率的计算公式，即

$$\phi=\frac{\sum\limits_{i=1,j=1}^{n}\varphi_{ij}}{\sum\limits_{i=1}^{n}m_i}\times 100\% \tag{4.8}$$

式中，m_i 表示该水深点的相邻点数，n 为图上水深点个数。需要注意的是，在水深间距统计比对过程中，存在当 2 个相邻水深值位于不同区间时该如何进行比对的问题。

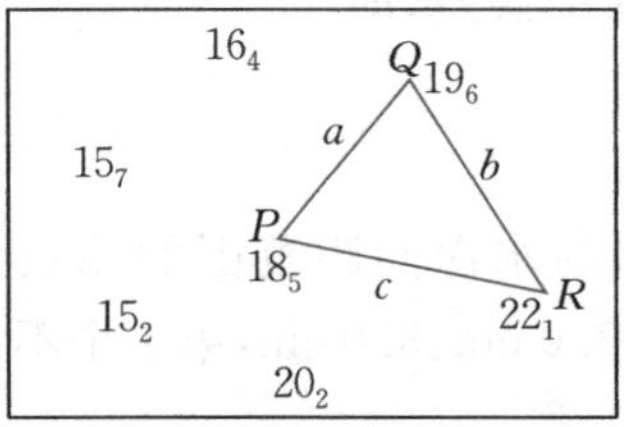

图 4.4　水深间距跨区域处理示意

如图 4.4 所示，三角形 PQR 由 3 个水深点 P、Q、R 和 3 条边 a、b、c 组成。其中，水深点 P、Q、R 的深度值分别为 18.5 m、19.6 m、22.1 m。当统计分析水深点 P、Q、R 的间距时，根据《中国航海图编绘规范》的相关要求，水深点 P、Q 的深度浅于 20 m，则边 a 应与 10～15 mm 进行比较。若 a 在 10～15 mm 内，则符合规范要求，反之，不符合规范要求。然而，边 b 和边 c 的两端点的水深不在一个水深区间，点 P 和点 Q 在 0～20 m 的区间，而点 R 在 20～50 m 的区间，这时需要进行一定的处理。具体处理方法是：取两个点的水深平均值作为区间划分的依据，即无论是间距 a 还是间距 b、c，统一采用两端点处水深的平均值作为比对的依据。也就是说，由于点 P 和点 R、点 Q 和点 R 的水深平均值均大于 20 m，因此间距 b 和间距 c 应该与 12～20 mm 进行比对。

3. 试验与分析

1）平均间距的试验分析

根据平均间距的定义和计算方法，对图 4.5 所示 3 个试验海区进行试验，统计并计算不同试验海区不同水深区间的水深点个数、区间边数及平均间距，试验结果如表 4.5、表 4.6、表 4.7 所示。

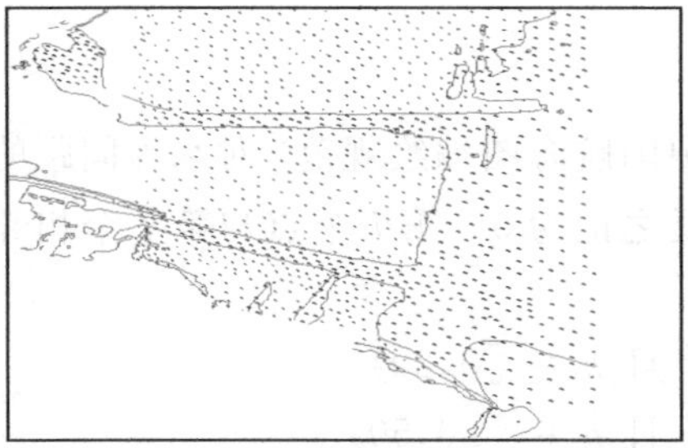

（a）试验海区 a

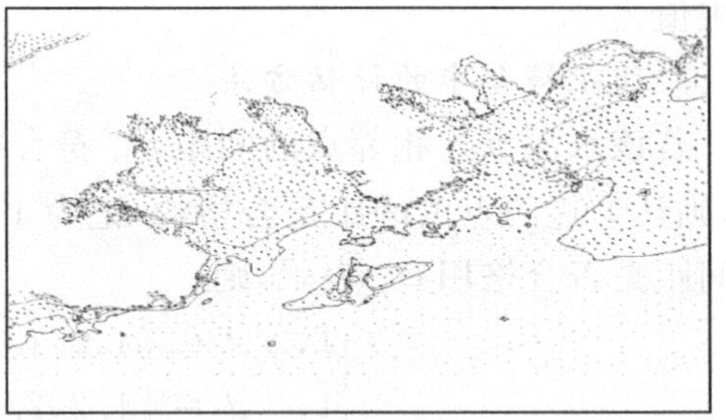

（b）试验海区 b

（c）试验海区 c

图 4.5　试验海区

表 4.5　试验海区 a 的平均间距试验结果

试验海区	水深点数/个	区间边数/条	平均间距/cm
0～20 m 水深海区	1 390	4 690	1.23
20～50 m 水深海区	1 249	5 171	1.71
整个海区	2 639	9 861	1.48

表 4.6　试验海区 b 的平均间距试验结果

试验海区	水深点数/个	区间边数/条	平均间距/cm
0～20 m 水深海区	2 285	11 062	1.40
20～50 m 水深海区	34	182	2.32
整个海区	2 319	11 244	1.41

表 4.7　试验海区 c 的平均间距试验结果

试验海区	水深点数/个	区间边数/条	平均间距/cm
0～20 m 水深海区	3 212	18 116	1.32
20～50 m 水深海区	0	0	0.00
整个海区	3 212	18 116	1.32

由表 4.5、表 4.6、表 4.7 可以看出，3 个海区 0～20 m 的水深区间的平均间距分别为 1.23 cm、1.40 cm、1.32 cm，3 个平均间距均位于 1.0～1.5 cm，并且偏向于 1.5 cm 一侧，在 3 个试验海区中这一水深区间的水深间距总体上符合规范要求，但略稀一些。3 个海区 20～50 m 的平均间距分别为 1.71 cm、2.32 cm、0.00，试验海区 a 的 1.71 cm 位于 1.2～2.0 cm，基本符合规范要求，而试验海区 b 的 2.32 cm 不在 1.2～2.0 cm 范围内，明显比规范要求要稀疏，这在一定程度上与试验海区 b 中水深点个数较少有关。对于整个海区来说，平均间距分别为 1.48 cm、1.41 cm、1.32 cm，整体上间距适中。由上述试验分析发现，本书所提方法可以准确计算出各个水深区间的平均间距，在一定程度上弥补了传统方法主要依靠经验判断的不足。

2）中误差与偏移中误差的试验分析

根据中误差和偏移中误差的定义和计算方法，对图 4.5 所示的 3 个试验海区进行试验，统计并计算不同试验海区不同水深区间的平均间距、中误差、偏移边数及偏移中误差，在这里将不符合基本间距的边统称为偏移边。试验结果如表 4.8、表 4.9、表 4.10 所示。

表 4.8　试验海区 a 的中误差和偏移中误差试验结果

试验海区	平均间距/cm	中误差/cm	偏移边数/条	偏移中误差/cm
0～20 m 水深海区	1.23	0.40	2 490	0.24
20～50 m 水深海区	1.71	0.66	2 100	0.48
整个海区	1.48	0.60	4 590	0.38

表 4.9 试验海区 b 的中误差和偏移中误差试验结果

试验海区	平均间距/cm	中误差/cm	偏移边数/条	偏移中误差/cm
0～20 m 水深海区	1.40	0.70	7 068	0.56
20～50 m 水深海区	2.32	1.15	134	0.98
整个海区	1.41	0.70	7 202	0.57

表 4.10 试验海区 c 的中误差和偏移中误差试验结果

试验海区	平均间距/cm	中误差/cm	偏移边数/条	偏移中误差/cm
0～20 m 水深海区	1.32	0.48	9 504	0.34
20～50 m 水深海区	0.00	0.00	0	0.00
整个海区	1.32	0.48	9 504	0.34

由表 4.8、表 4.9、表 4.10 可以看出，偏移中误差均小于中误差，说明规范区间的离散程度小于均值的离散程度，从某种程度上反映了偏移中误差更适合评估水深间距的符合情况和离散情况。

在偏移中误差试验中，着重对短于基本间距和长于基本间距的边进行统计分析，并计算其偏短中误差和偏长中误差。试验结果如表 4.11、表 4.12、表 4.13 所示。

表 4.11 试验海区 a 的偏短中误差和偏长中误差试验结果

试验海区	偏短边数/条	偏短中误差/cm	偏长边数/条	偏长中误差/cm
0～20 m 水深海区	1 399	0.06	1 091	0.18
20～50 m 水深海区	859	0.07	1 241	0.91
整个海区	2 258	0.07	2 332	0.56

表 4.12 试验海区 b 的偏短中误差和偏长中误差试验结果

试验海区	偏短边数/条	偏短中误差/cm	偏长边数/条	偏长中误差/cm
0～20 m 水深海区	2 963	0.07	4 105	0.80
20～50 m 水深海区	10	0.02	124	1.40
整个海区	2 973	0.07	4 229	0.81

表 4.13 试验海区 c 的偏短中误差和偏长中误差试验结果

试验海区	偏短边数/条	偏短中误差/cm	偏长边数/条	偏长中误差/cm
0～20 m 水深海区	4 326	0.04	5 178	0.38
20～50 m 水深海区	0	0.00	0	0.00
整个海区	4 326	0.04	5 178	0.38

由表 4.11、表 4.12、表 4.13 分析可知，各个海区、各个水深区间均有很多偏长边和偏短边，偏短中误差小于偏长中误差，偏短边分散得比较均匀，离散程度小于偏长边的离散程度。

3)间距符合率的试验分析

根据间距符合率的定义和计算方法，对 3 个试验海区进行试验，统计并计算不同试验海区不同水深区间的水深点个数、总边数、符合边数及间距符合率。考虑舰船通常吃水在 0～30 m，并且浅水区往往地形复杂，若在浅水区按照 1～1.5 cm 筛选符合基本间距的边，将会遗漏大量本来符合的边，因此在试验过程中，对 0～20 m 的水深区域按照 0.8～1.5 cm 的要求进行筛选。试验结果如表 4.14、表 4.15、表 4.16 所示。

表 4.14 试验海区 a 的间距符合率试验结果

试验海区	水深点数/个	总边数/条	符合边数/条	间距符合率/%
0～20 m 水深海区	1 390	4 690	3 060	65.25
20～50 m 水深海区	1 249	5 171	3 071	59.39
整个海区	2 639	9 861	6 131	62.17

表 4.15 试验海区 b 的间距符合率试验结果

试验海区	水深点数/个	总边数/条	符合边数/条	间距符合率/%
0～20 m 水深海区	2 285	11 062	5 639	50.98
20～50 m 水深海区	34	182	48	26.37
整个海区	2 319	11 244	5 687	50.67

表 4.16 试验海区 c 的间距符合率试验结果

试验海区	水深点数/个	总边数/条	符合边数/条	间距符合率/%
0～20 m 水深海区	3 212	18 116	11 898	65.68
20～50 m 水深海区	0	0	0	0.00
整个海区	3 212	18 116	11 898	65.68

由表 4.14、表 4.15、表 4.16 可以看出，与总边数相比，符合边数明显小于总边数。除了试验海区 b 出现了 26.37%的符合率外，其余均在 60%左右，但这一数值也不够高。

4.2.3 基于最优间距的水深点密度完备性精细化评估

1. 单个水深点密度的精细量化方法

4.2.2 节在评估分析海图水深点的密度时，利用海图水深点构建了德洛奈(Delaunay)三角网，通过计算相邻水深点的间距，找出了其中长度不符合要求的三角网的边，并计算了长度符合要求的三角网边的数量在三角网边总数中所占的比重。这种评估方法针对的是连接两个水深点的三角网边，而非单个的水深点，因而当某条三角网边连接的两个水深点处于不同的深度区间(如一个点的水深为 10 m，另一个点的水深为 25 m)时，如表 4.17 所示，该三角网边长度的合格标准会产生多义(一个标准为 1.0～1.5 cm，另一个标准为 1.2～2.0 cm)。此外，评估水深点密度时并非只需分析相邻两个水深点的间距，还要考虑某水深点与其周围所有邻接水深点距离的协调关系。因此，本节在分析水深点密度时，将海图中某一水深点与其所有邻接水深点间隔距离的平均值，作为该水深点密度的量化指标，简称为平均间距。如图 4.6 所示，水深点 B、C、D、E、F、G 为水深点 A 的邻接水深点，则水深点 A 的平均间距为 AB、AC、AD、AE、AF、AG 长度的平均值。

表 4.17 水深间距要求

海水深度	水深间距/cm
浅于 20 m 的海区	1.0～1.5
20～50 m 的海区	1.2～2.0
深于 50 m 的海区	1.8～3.0

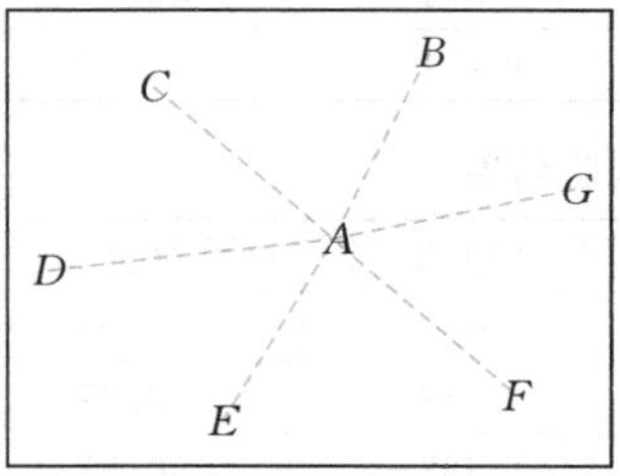

图 4.6 单个水深间距的计算方法

不同深度海区水深间距的要求之所以不同，是因为海图在浅水区需要以较密的水深注记来保障航行安全，而在深水区舰船航行受海底地貌的影响较小，不要求很密的水深注记。因此，目前世界各国出版的航海图均以海水深度作为确定水深间距的尺度标准，即随着海水深度的增加，水深间距增大。如果将水深间距和海水深度之间的变化关系看作是线性的，并将海水深度在 100 m 以上的海区的水深间距要求设为 3.0 cm，结合《中国航海图编绘规范》对水深间距的要求（表 4.17），可得到水深间距 d（单位为 cm）随海水深度 z（单位为 m）的变化关系，即

$$d=\begin{cases}\dfrac{1}{40}z+1, & z\in[0,20)\\ \dfrac{2}{75}z+\dfrac{2}{3}, & z\in[20,50)\\ \dfrac{3}{125}z+\dfrac{3}{5}, & z\in[50,100)\\ 3, & z\in[100,+\infty)\end{cases} \tag{4.9}$$

绘制式(4.9)的函数图像，水深间距随海水深度的变化如图 4.7 所示。不难看出，该函数并不是单调递增函数，在 $z=20$ 和 $z=50$ 处是不连续的。这是因为《中国航海图编绘规范》为便于制图人员选取水深时的实际操作，以及保持根据海区实际情况适当加密或减稀水深的灵活性，而将处于某一深度区间内的水深间距要求统一设定为一个范围，而不同深度区间对应的水深间距范围有小部分交集，如表 4.17 所示。但从整体上看，水深间距仍应符合“深度越大，间距越大”的基本规律。因此，本书取表 4.17 中浅于 20 m 海区水深间距要求的上限（1.5 cm）和 20～50 m 海区水深间距要求的下限（1.2 cm）的平均值（1.35 cm），作为浅于 20 m 海区水深间距的上限及 20～50 m 海区水深间距的下限；取 20～50 m 海区水深间距要求的上限（2.0 cm）和深于 50 m 海区水深间距要求的下限（1.8 cm）的平均值（1.9 cm），作为 20～50 m 海区

水深间距的上限及深于 50 m 海区水深间距的下限，重新计算水深间距 d（单位为 cm）随海水深度 z（单位为 m）的变化关系，即

$$d=\begin{cases}\dfrac{7}{400}z+1, & z\in[0,20)\\ \dfrac{11}{600}z+\dfrac{59}{60}, & z\in[20,50)\\ \dfrac{11}{500}z+\dfrac{4}{5}, & z\in[50,100)\\ 3, & z\in[100,+\infty)\end{cases}\tag{4.10}$$

绘制式(4.10)的函数图像，经过协调的水深间距随海水深度的变化如图 4.8 所示。

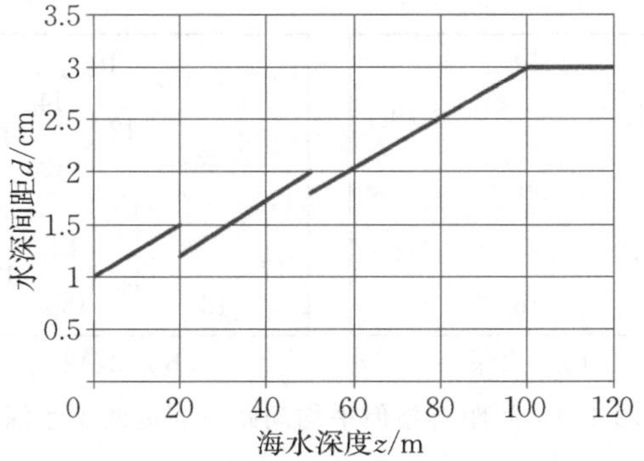

图 4.7　水深间距随海水深度的变化

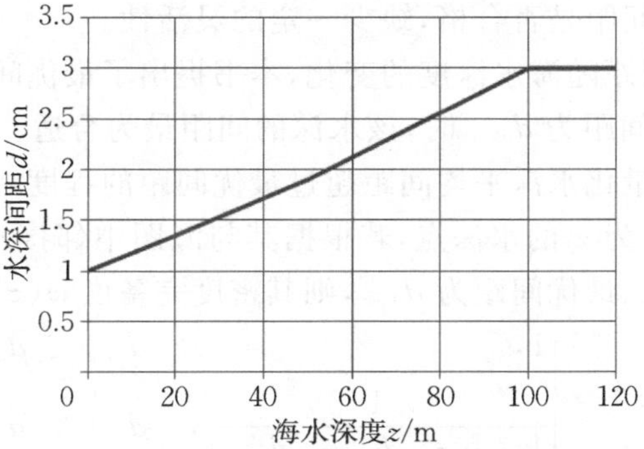

图 4.8　经过协调的水深间距随海水深度的变化

由式(4.10)和图 4.8 可知，经过协调后，水深间距随海水深度的变化关系在海水深度为 0～100 m 内为单调递增函数，符合“深度越大，间距越大”的基本规律。对于某一确定的海水深度值 z，可以得到与之对应的唯一的水深间距值 $d(z)$，可认为当海水深度为 z、水深间距为 $d(z)$ 时，水深间距较为合适。本书将该间距值 $d(z)$ 定义为海水深度 z 的最优间距 d_{Best}。

2.密度完备度的定义及评估方法

作为制图资料的外版海图,如果其水深间距较小,制图人员可以通过对水深点的综合和选取满足在编海图的要求;如果其水深间距较大,制图人员在作业时只能采取降低精度表示或用其他资料补充的方法满足在编海图的要求。因此,本书在评估外版海图水深点密度完备性时,主要是分析其间距较"大"的程度。

如果根据海图某水深间距是否超过《中国航海图编绘规范》中规定的上限来判断其是否合格,则对于间距同样处于规定上限之内而又有所差异的水深点来说,其密度完备性的评估结果缺少区分度。

例如,图4.9中被虚线框标出的2个水深的深度值均为10 m,经计算,图4.9(a)的水深的平均间距为1.48 cm,图4.9(b)的水深的平均间距为1.05 cm,虽然两者的间距均合格,但显然后者的密度完备性要优于前者。

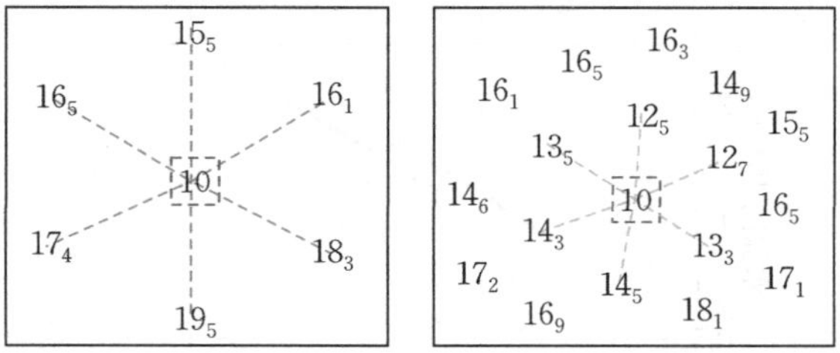

(a)水深1　　(b)水深2

图4.9　间距合格但平均间距不同的两个水深

此外,在海底地形较为平坦的海区,水深注记可适当减稀,若仅简单地根据表4.17来判断水深间距是否合格,缺少一定的灵活性。

通过探究水深间距随海水深度的变化,本书提出了最优间距的概念,即对于深度为 z 的水深点,其间距为 d_{Best} 时,该水深的间距最为合适。为此,进一步提出密度完备度指标,通过量化水深平均间距超过最优间距的程度,评估单个水深点密度的完备性。对于深度为 z 的水深点,若根据其与海图中邻接水深间距的平均值计算的平均间距为 d_{Avg}、最优间距为 d_{Best},则其密度完备度 $\omega(z)$ 为

$$\omega(z)=\begin{cases}1, & d_{\text{Avg}} \leqslant d_{\text{Best}} \\ \dfrac{1}{1+a\cdot(d_{\text{Avg}}-d_{\text{Best}})}, & d_{\text{Avg}} > d_{\text{Best}}\end{cases} \tag{4.11}$$

由式(4.11)可以看出,密度完备度 $\omega(z)$ 的取值范围为(0,1]。若水深的平均间距 d_{Avg} 比最优间距 d_{Best} 小,则其密度完备度的值为1,密度完备性是好的。若水深的平均间距 d_{Avg} 比最优间距 d_{Best} 大,则 d_{Avg} 与 d_{Best} 的差值越小,密度完备度越大并趋近于1,即密度完备性越好;d_{Avg} 与 d_{Best} 的差值越大,密度完备度越小并趋近于0,即密度完备性越差。常数 a 用来调节 d_{Avg} 与 d_{Best} 差值的大小与密度完备度 $\omega(z)$ 的关系,使得 d_{Avg} 与 d_{Best} 的差值对应的密度完备度 $\omega(z)$ 有较为合理的

取值。

为定量把握《中国航海图编绘规范》对水深间距“平坦海区可适当减稀”的要求，对大量已有的公开出版的高质量海图的水深间距进行计算分析，发现《中国航海图编绘规范》要求的水深的基本间距上限的 1.5 倍可以作为水深“可适当减稀”的具体数值，即对于某深度为 z 的水深点，其间距可以减稀的上限为 d_{Fair}（单位为 cm），则

$$d_{\text{Fair}}=\begin{cases}2.25, & z\in[0,20)\\3, & z\in[20,50)\\4.5, & z\in[50,+\infty)\end{cases} \tag{4.12}$$

若某水深的平均间距 d_{Avg} 超过了 d_{Fair}，则认为其水深间距超出了“可适当减稀”的要求，因此将 d_{Fair} 定义为水深的及格间距。

对于深度为 z 的水深点，若将其平均间距 d_{Avg} 等于及格间距 d_{Fair} 时的密度完备度 $\omega(z)$ 设为 0.6（相当于百分制中的 60 分），则根据式(4.12)，可得

$$a=\frac{2}{3(d_{\text{Fair}}-d_{\text{Best}})} \tag{4.13}$$

因此，对于深度为 z 的水深点，首先可计算其最优间距 d_{Best} 和及格间距 d_{Fair}，然后计算 a 的取值，随后根据其与海图中邻接水深间距的平均值计算其平均间距 d_{Avg}，最后计算该水深点的密度完备度 $\omega(z)$，作为该水深点密度完备性的定量评估结果。

例如，对于某深度为 10 m 的水深点，计算得 $d_{\text{Best}}=1.175$ cm，$d_{\text{Fair}}=2.25$ cm，$a=0.6202$，则其密度完备度 $\omega(z)$ 随其平均间距 d_{Avg} 的变化关系如图 4.10 所示。

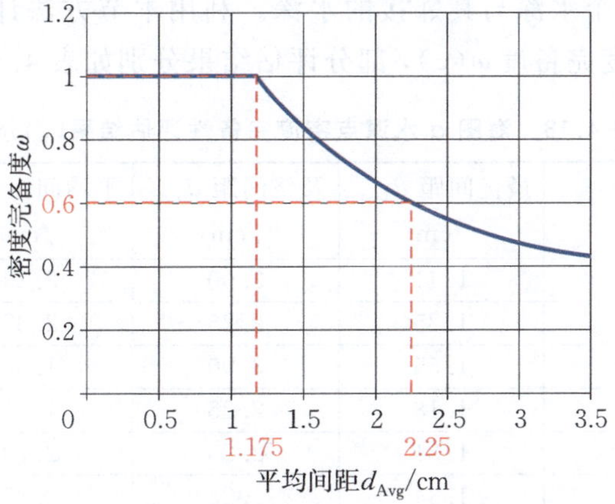

图 4.10　密度完备度函数示意

由图 4.10 可见，当该深度为 10 m 的水深的平均间距 d_{Avg} 小于最优间距 d_{Best} 时，该水深点的密度完备度 $\omega(z)$ 的取值为 1；当其平均间距 d_{Avg} 大于最优间距 d_{Best} 时，d_{Avg} 与 d_{Best} 的差值越大，该水深点的密度完备度 $\omega(z)$ 越小，且当 d_{Avg} 大于

及格间距 d_{Fair} 时，密度完备度 $\omega(z)$ 小于0.6，即认为该水深点密度完备性不达标。由此可实现对单个水深点密度完备性的定量评估。

3.试验与分析

选取两幅外版纸质海图，在经过数字化录入和数据标准化处理后，利用其水深数据构建德洛奈三角网，并向区域内添加陆地及岛屿边界，删除与陆地及岛屿边界有交集的三角形边。经过上述处理的三角网如图4.11所示。

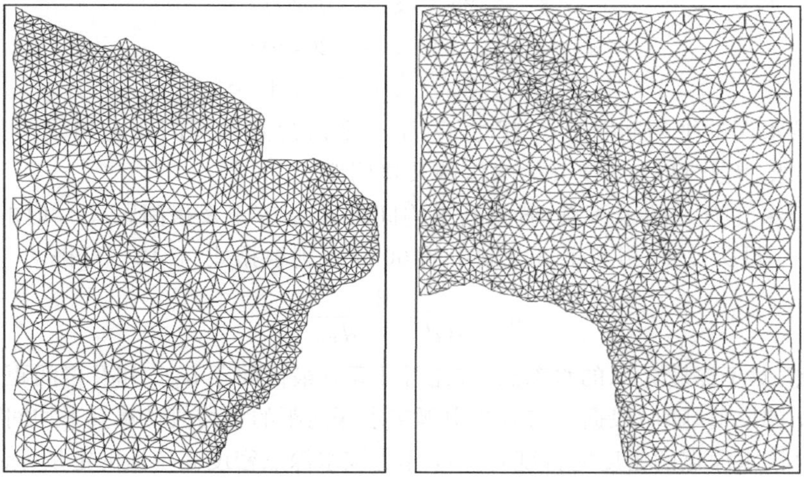

(a) 海图a　　(b) 海图b

图4.11　利用两幅外版海图的水深数据构建的德洛奈三角网

由此，可获得每个水深与其邻接的水深。利用本节方法计算海图 a 和海图 b 中每个水深点的密度完备度 $\omega(z)$，部分评估结果分别如表4.18和表4.19所示。

表4.18　海图 a 水深点密度完备性评估结果(部分)

水深编号	深度 z /m	最优间距 d_{Best} /cm	及格间距 d_{Fair} /cm	平均间距 d_{Avg} /cm	密度完备度 $\omega(z)$
1	23.5	1.41	3.00	2.23	0.74
2	20.0	1.35	2.25	2.35	0.58
3	31.0	1.55	3.00	1.86	0.87
4	10.4	1.18	2.25	1.70	0.75
5	17.6	1.31	2.25	2.70	0.50
6	19.2	1.34	2.25	2.37	0.57
			⋮		

限于篇幅，表4.18和表4.19仅列出了海图 a 和海图 b 中对部分水深点的密度完备性的评估结果。根据本节方法，可以计算海图中每个水深点的密度完备度，并精确找出密度完备度小于0.6(即密度不合格)的水深点，实现水深点密度完备

性精细、定量的评估。

表 4.19　海图 b 水深点密度完备性评估结果(部分)

水深编号	深度 z /m	最优间距 d_{Best} /cm	及格间距 d_{Fair} /cm	平均间距 d_{Avg} /cm	密度完备度 $\omega(z)$
1	20.0	1.35	2.25	3.49	0.39
2	11.0	1.19	2.25	1.94	0.68
3	10.4	1.18	2.25	1.65	0.77
4	11.6	1.20	2.25	2.36	0.57
5	22.5	1.39	3.00	4.22	0.46
6	20.0	1.35	2.25	3.18	0.42
			⋮		

为了更形象、直观地表示密度完备度，利用海图 a 和海图 b 中的水深点建立泰森多边形，并将每个泰森多边形内部水深点的密度完备度的数值用不同的颜色区分，密度完备度的数值由 1 至 0.6 分别对应色带中的颜色，并将密度完备度小于 0.6 的统一标为红色，效果如图 4.12 所示。

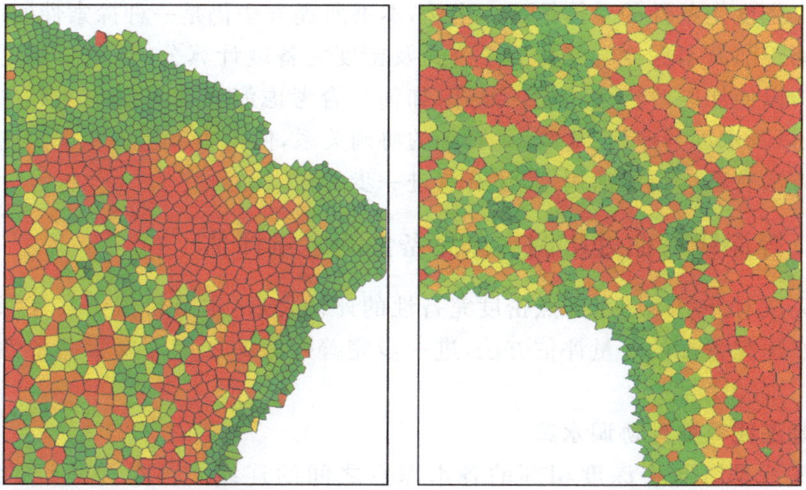

(a) 海图a　　(b) 海图b

图 4.12　外版海图水深点密度完备度表示整体效果

利用这种方法，人们可以对待评估海图水深点的密度完备性有直观、整体的认知，从而了解海图中密度完备性不好的区域。结合其中单个水深点的密度完备度的计算结果，可以实现对海图水深点密度有效、定量的评估。

计算相邻两个水深点的间隔距离，并与《中国航海图编绘规范》对水深间距的要求相比较，判断水深间距是否合格，对海图 a 和海图 b 的水深点密度完备性进行分析，分析结果如表 4.20 所示。

表 4.20 传统方法评估外版海图水深点密度完备性结果

海图编号	水深点数/个	三角网边数/条	符合要求边数/条	符合率/%
海图 a	1 577	4 227	1 591	37.64
海图 b	1 281	3 751	1 185	31.59

与该水深点密度完备性评估方法相比，本书所提方法具有以下优势：

(1)将针对连接两个水深点的三角网边长度的评估转换为针对单个水深的平均间距的评估，可以有效避免当两个水深点处于不同的深度区间时，合格的判断标准导致多义问题的产品。

(2)通过探究水深间距随深度的变化关系，提出最优间距的概念及密度完备度评估指标，在定量判断水深点密度完备性是否合格的基础上，使评估结果更有区分度。

(3)考虑了《中国航海图编绘规范》中对水深间距“平坦海区可适当减稀”的要求，评估方法具有一定的灵活性。

通过上述分析及试验，本节对外版海图水深点密度完备性进行了更精细化的评估，可以找出外版海图中水深间距未达到我国相关规范要求的水深，并能反映海图水深点密度完备性的整体情况。当然，本书所提方法仍是一种探索性的研究，所提水深间距随海水深度的变化关系公式及密度完备度计算公式，还需要更深入的试验分析以便加以改进和精化。此外，如何综合考虑海底地形复杂度对水深间距的影响，以及水深与岸线、岛屿、礁石等的协调关系，使得本节所提水深点密度完备性评估方法有更广泛的适用性，还有待进一步的探索和研究。

4.2.4 等深线弯曲处协调水深完备性的定量评估

在完成对外版海图水深点密度完备性的评估之后，本节将探索其等深线弯曲处协调水深完备性的定量评估方法，进一步完善外版海图水深要素完备性的评估内容。

1.等深线弯曲处协调水深

等深线是海图中深度相等的各水深点之间的连线。与水深注记的作用一样，等深线也是用来反映海图上某一点的深度的，因此在海图中必须处理好等深线与水深注记之间的关系，避免产生图面信息的错漏。其中很重要的一点是水深应能反映等深线的形状和轮廓，在等深线的弯曲处应有相应的水深注记与之配置协调。这样不仅可以提高海图反映海底地貌的能力，增强海图的可信度，还可以使海图更为美观。图 4.13(a)中 20 m 等深线的弯曲处均有水深注记与之配合，显得较为协调，增强了等深线的准确性和可信度；图 4.13(b)中在等深线的弯曲处缺少能反映其轮廓的水深，出现了水深空白区(即图中△所在区域)，不但图面要素配置失衡，而且无法向用图者传达全面、精确的深度信息。

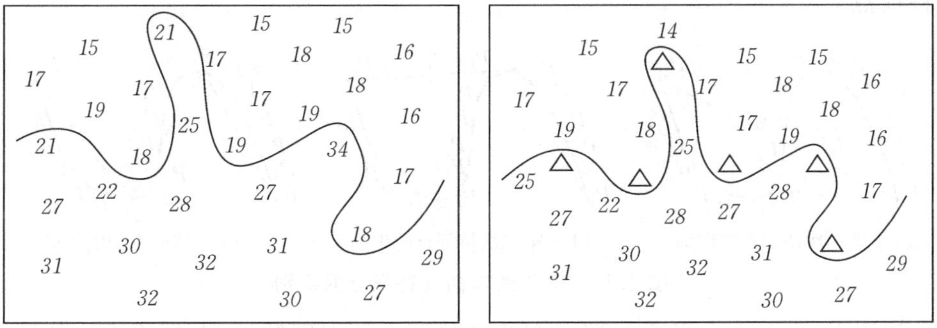

（a）水深与等深线协调　　（b）水深与等深线不协调

图 4.13　水深与等深线弯曲处的协调关系

如果作为制图资料的外版海图的等深线弯曲处缺少与之相协调的水深注记，依据该外版海图编制的新海图也会受到影响，缺少相应的水深要素而影响其完备性。本节将利用道格拉斯-普克算法，对外版海图等深线上的弯曲特征点进行识别，通过判断等深线弯曲特征点附近是否有协调水深，实现对外版海图等深线弯曲处协调水深完备性的定量评估。

2.等深线弯曲处识别及协调水深完备性评估方法

等深线实际上是由一系列平面中的二维点 $P_1, P_2, \cdots, P_n$ 按顺序连接形成的折线段。要评估等深线弯曲处是否有协调水深，首先要对其弯曲处进行识别。考虑道格拉斯-普克算法可以对曲线特征进行分解和组合，并给出曲线的形态与拓扑特征，本节首先使用道格拉斯-普克算法对等深线弯曲处的特征点进行识别，具体步骤如下：

(1)对于一段等深线数据，连接其首尾两个点，将该连线记为 L_1。

(2)计算等深线中除首尾点之外的其他点到直线 L_1 的距离，找出其中距 L_1 最远的点，如果该点到 L_1 的距离大于给定的阈值 D，将该点作为特征点。

(3)将首点和特征点连接，记为 L_2，将特征点和尾点连接，记为 L_3。对 L_2 和 L_3 分别重复步骤(2)的操作，直至无法再选出特征点。之前选出的特征点即为等深线弯曲处的特征点。

如图 4.14(a)所示，依次连接点 $P_1, P_2, \cdots, P_{21}$ 形成的折线段为一段等深线，虚线为连接等深线首尾点的连线 L_1。分别计算点 $P_2, \cdots, P_{20}$ 到 L_1 的距离，其中 P_7 到 L_1 的距离最远，且大于阈值 D，因此将 P_7 作为特征点；如图 4.14(b) 所示，按照步骤(3) 连接 P_1 和 P_7、P_7 和 P_{21}，形成 L_2 和 L_3，对这两段连线分别重复步骤(2)，其中 P_{14} 与 L_3 的距离超过阈值 D，因此将 P_{14} 作为特征点；连接 P_1、P_7、P_{14}、P_{21}，如图 4.14(c) 中的虚线，该等深线中已不存在到虚线距离超过阈值 D 的点，故之前识别出的 P_7、P_{14} 即为该等深线弯曲处的特征点。

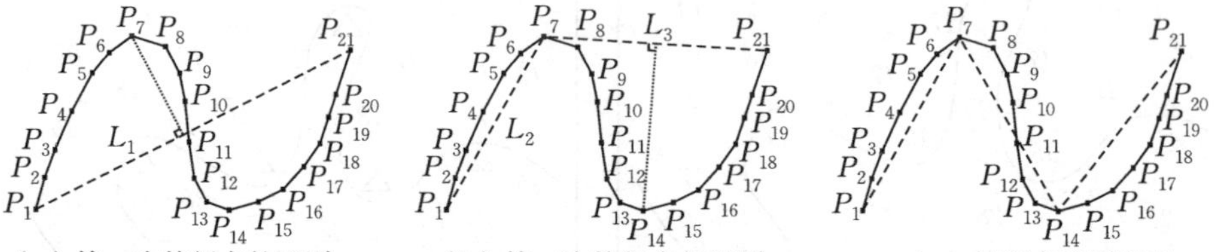

（a）第一次特征点的识别　（b）第二次特征点的识别　（c）特征点识别完毕

图 4.14　等深线弯曲处特征点的识别

阈值 D 的大小会影响等深线弯曲处特征点的识别结果，在利用道格拉斯-普克算法识别等深线弯曲处特征点并选取与之协调的水深时，通过试验统计分析发现，阈值 $D=0.3$ cm 时算法选取的水深与等深线最为协调，因此在本节试验中，将阈值 D 设为 0.3 cm。

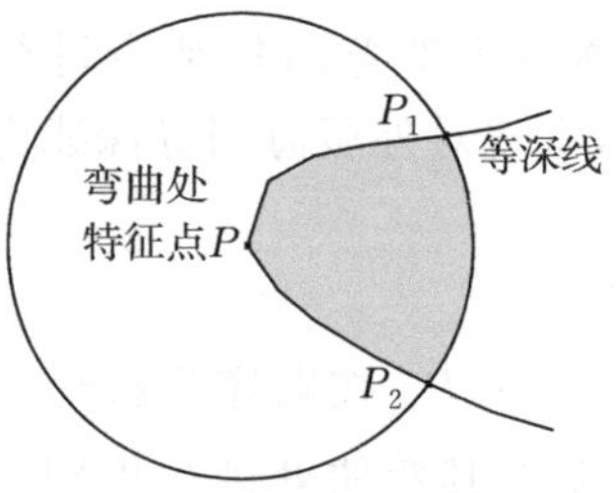

图 4.15　协调水深的搜索区域

在找出等深线弯曲处的特征点 P 后，以该点为圆心、R 为半径作圆，求出圆与该等深线的交点，如图 4.15 中的 P_1 和 P_2。将 P、P_1 及 P_2 所围区域（图 4.15 中的灰色区域）作为搜索区域，通过判断该区域内是否有水深注记来判断等深线的弯曲特征点附近是否有与之协调的水深。

显然，半径 R 的大小是影响判断结果的关键。但对于等深线弯曲处的水深注记应至等深线多长的距离，目前的相关规范中尚无明确规定，在制图实践中多数依靠制图人员的经验确定。在选取等深线弯曲处的协调水深时，通过调查统计方法发现，选取距等深线弯曲处 0.4 cm 的水深较为合适，本节在检验等深线弯曲处是否有协调水深时，适当扩大该值，取弯曲处水深最协调距离的 3 倍（即 $R=1.2$ cm）作为设置协调水深搜索区域大小的参数。

3. 试验与分析

选取某比例尺为 1∶30 000 的外版海图，在对其水深注记及等深线数据进行数字化录入和标准化处理后，利用本节所提方法共识别出该图 46 条等深线的 192 个弯曲处的特征点。其中，有 23 处弯曲处缺少与之相协调的水深。将部分缺少协调水深的区域列出，如图 4.16 所示（图中△区域为水深空白区）。

将该外版海图分别交给 3 名制图工作人员，评估其等深线弯曲处协调水深的完备性。人工评估结果与计算机自动评估结果对比如表 4.21 所示。

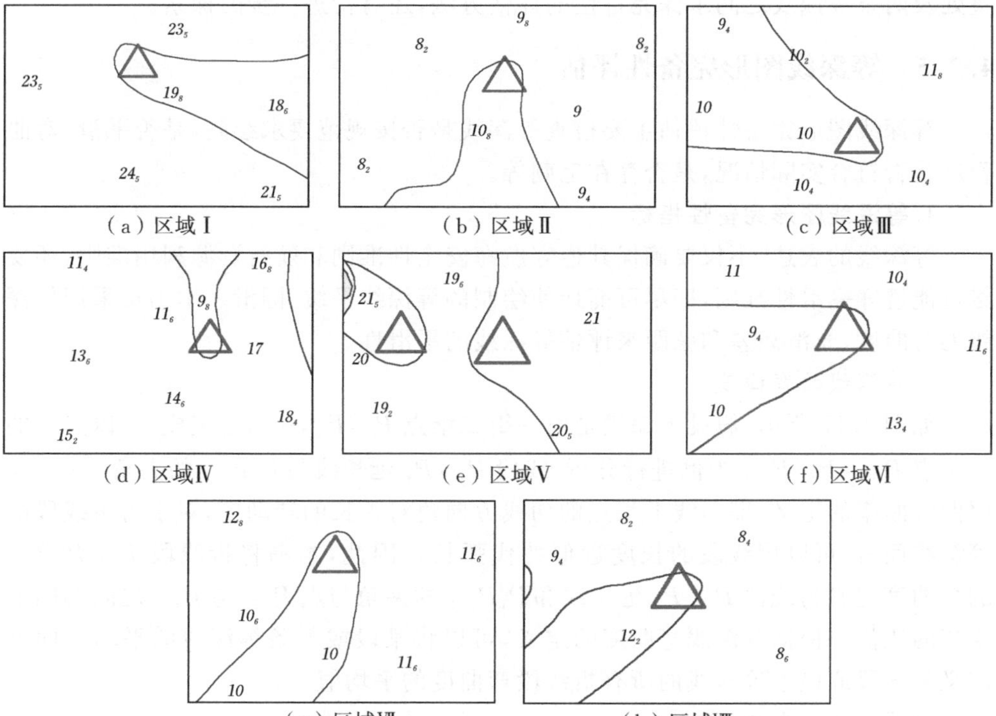

(a) 区域Ⅰ　(b) 区域Ⅱ　(c) 区域Ⅲ　(d) 区域Ⅳ　(e) 区域Ⅴ　(f) 区域Ⅵ　(g) 区域Ⅶ　(h) 区域Ⅷ

图 4.16　外版海图等深线弯曲处的部分缺少协调水深的区域

表 4.21　人工与计算机自动评估等深线弯曲处协调水深完备性对比

作业者	识别出的弯曲处/个	缺少协调水深的弯曲处/个	用时/分钟
作业员 *A*	165	14	33
作业员 *B*	201	31	39
作业员 *C*	179	20	29
计算机	192	23	2.5

由表 4.21 可以看出，本节所提方法可以对外版海图中等深线的弯曲处进行有效识别，且可以定量判断等深线弯曲处是否有与之协调的水深注记。与传统人工评估结果相比，本书所提方法得到的结果具有唯一性，可以避免由作业员工作态度或业务水平不同引起的评估结果不一致的情况，且所用时间远小于人工操作的耗时，在评估效果和效率上均具有一定的优势。

通过上述理论推导与试验分析，本节对外版海图等深线的弯曲处进行了识别，并设计了定量评估外版海图等深线弯曲处协调水深完备性的方法，对外版海图水深要素完备性的评估内容进行了补充。当然，对于识别等深线弯曲处及协调水深搜索区域时所用参数的取值，还需要进行更多的试验，以进一步使其合理化。此外，本节只针对外版海图等深线弯曲处是否有协调水深进行了评估，对于等深线平直处及两条等深线之间水深完备性的评估方法，还有待进一步的探索。

4.2.5　等深线图形完备性评估

等深线图形完备性评估主要检查等深线是否按规范要求绘制，是否平滑，弯曲程度是否符合实际情况，是否存在毛刺等。

1. 等深线图形完备性指标

等深线的表达，不仅要确保其遵守航海安全性准则和航行资源利用准则，还要尽可能遵守平滑性准则，即尽可能地使绘制的等深线平缓、圆滑。本书拟采用等深线的弯曲度、光滑离差和弦距来评估等深线的平滑性。

1)等深线的弯曲度

如图 4.17 所示，假设等深线是由一组二维点 $P_1, P_2, \cdots, P_n$ 组成的，以其中的三个点 P_{i-1}、P_i、P_{i+1} 为例进行分析，线段 $P_{i-1}P_i$ 延长线与 P_iP_{i+1} 的夹角为 α。参照曲线曲率的定义，即曲线上某点的切线方向角对弧长的转动率，对于为折线段的等深线而言，可以用线段的长度近似替代弧长。因此，本书将折线段 $P_{i-1}P_iP_{i+1}$ 的弯曲度定义为线段 $P_{i-1}P_i$ 延长线和 P_iP_{i+1} 的夹角与点 P_{i-1} 与 P_{i+1} 之间的图上距离的比值。根据等深线弯曲度的定义，可以将某段或整条等深线的平均弯曲度定义为该段或该条等深线的所有折线段弯曲度的平均值。

2)等深线的光滑离差

如图 4.18 所示，采用二次 B 样条曲线拟合方法对折线段 $P_{i-1}P_iP_{i+1}$ 进行曲线拟合，拟合的曲线为 ACB，线段 P_iC 是点 P_i 到曲线 ACB 的最短距离，将该最短距离定义为等深线的光滑离差。同样，根据等深线光滑离差的定义，可以将某段或整条等深线的平均光滑离差定义为该段或该条等深线所有折线段光滑离差的平均值。

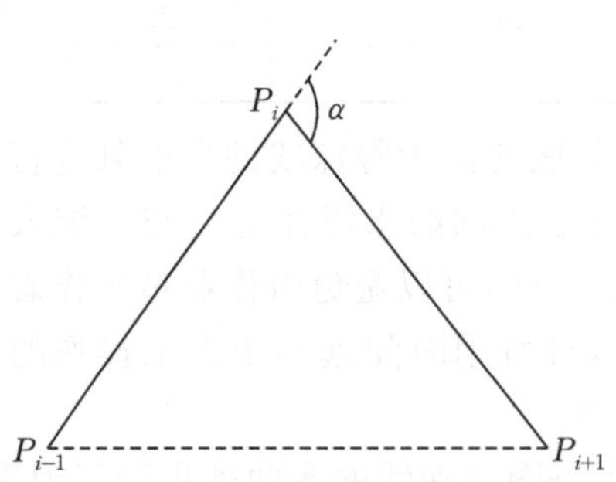

图 4.17　等深线的弯曲度示意

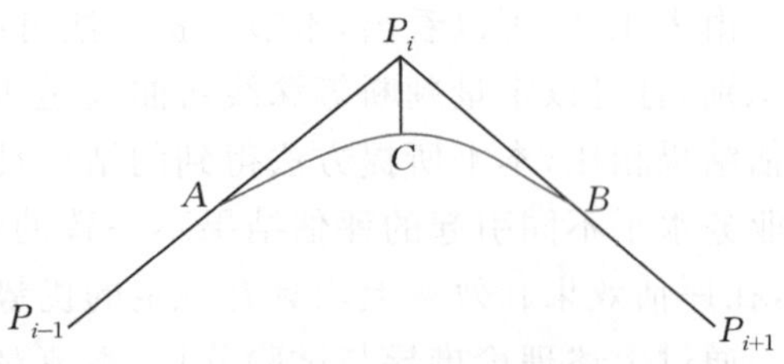

图 4.18　等深线的光滑离差示意

3)等深线段的弦距

如图 4.19 所示，等深线是由一系列的二维点 $P_1, P_2, \cdots, P_{11}$ 依次连接而成的连续折线段。如图 4.20 所示，点 P_{i-1}、P_i、P_{i+1} 为等深线的节点，过这三个点作圆，并记该圆的圆心为点 O；过圆心 O 作线段 $P_{i-1}P_i$ 的垂线交线段于点 B 并将其延长，交圆弧 $P_{i-1}P_i$ 于点 A；同样，过圆心 O 作线段 P_iP_{i+1} 的垂线交线段于点 D 并将其延长，交圆弧 P_iP_{i+1} 于点 C。

通过观察图 4.20，可以发现，当线段 AB、CD 的长度逐渐变短时，线段 $P_{i-1}P_i$ 会逐渐接近圆弧 $\overset{\frown}{P_{i-1}P_i}$，线段 P_iP_{i+1} 会逐渐接近圆弧 $\overset{\frown}{P_iP_{i+1}}$，直至它们完全重合。在这个过程中，折线段 $P_{i-1}P_iP_{i+1}$ 的弯曲度逐渐减小而平滑度会逐渐增大，直至最后变为平滑的曲线。由此可以发现，折线段的平滑性与等深线段的弦距有关。因此，本书将等深线的最大弦距定义为所有等深线段的弦距的最大值，用于表示等深线的局部平滑性。为了更好地体现等深线的整体平滑性，本书将等深线的平均弦距定义为所有等深线段的弦距的平均值。

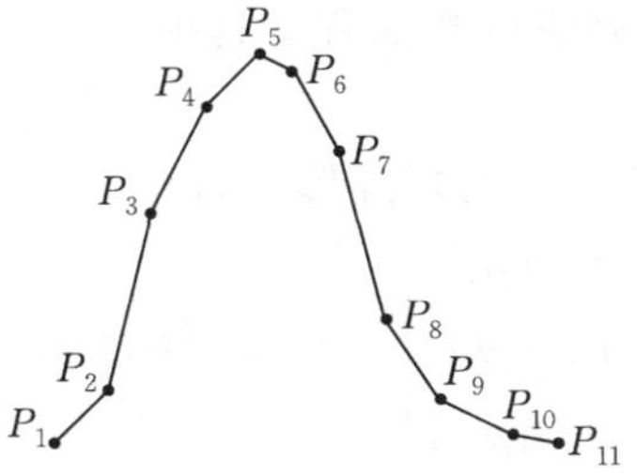

图 4.19　等深线的二维点

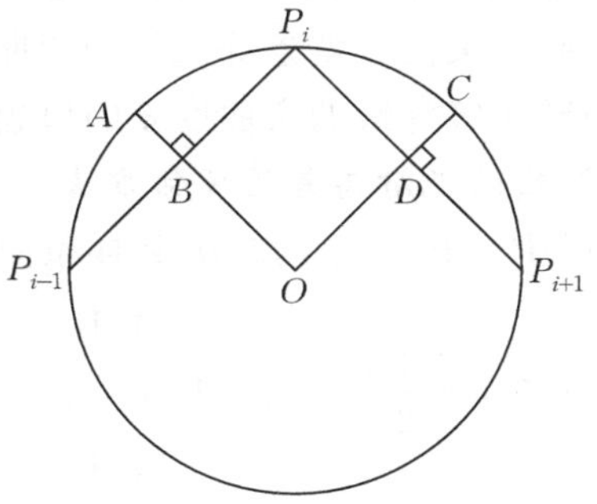

图 4.20　等深线的弦距示意

4）等深线的相邻节点三角形的定义

如图 4.21 所示，点 P_{i-1}、P_i、P_{i+1} 为等深线的节点，将这三点依次连接便得到三角形 $P_{i-1}P_iP_{i+1}$，本书将其定义为等深线的相邻节点三角形。对等深线的相邻节点三角形进行分析：当相邻节点三角形的面积减小时，相邻节点三角形会变得更加扁平，平滑性会随之变好；当相邻节点三角形的面积增大时，相邻节点三角形会变得较高，平滑性会随之变差。由此可以发现，等深线的平滑性与相邻节点三角形的面积有关。因此，本书将等深线的最大相邻节点三角形面积定义为所有等深线的相邻节点三角形面积的最大值，用于表示等深线的局部平滑性。为了更好地体现等深线的整体平滑性，本书将等深线的平均相邻节点三角形面积定义为所有等深线相邻节点三角形面积的最大值。

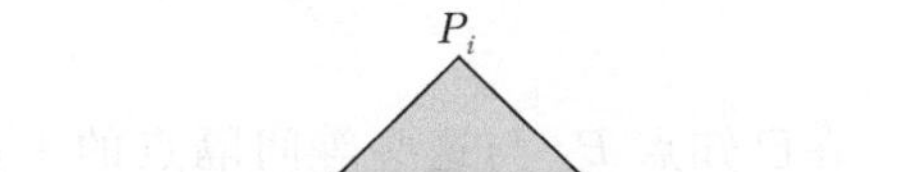

图 4.21　等深线的相邻节点三角形示意

2. 等深线图形完备性评估方法

1)等深线弯曲度的评估方法

根据折线段 $P_{i-1}P_iP_{i+1}$ 的弯曲度 ξ_i 的定义,可以得到其计算公式,即

$$\xi_i = \frac{\alpha_i}{l_i} \tag{4.14}$$

式中,α_i 表示线段 $P_{i-1}P_i$ 延长线和 P_iP_{i+1} 的夹角,l_i 表示点 P_{i-1} 与点 P_{i+1} 之间的图上距离。

根据某段或整条等深线的弯曲度 ξ 的定义,可以得到其计算公式,即

$$\xi = \frac{1}{n-2}\sum_{i=1}^{n-2}\xi_i \tag{4.15}$$

式中,n 表示组成某段或整条等深线的点的总数。某段或整条等深线的弯曲度 ξ 的相关解释是:某段或整条等深线的弯曲度 ξ 的值越大,则它的弯曲程度越大;反之,某段或整条等深线的弯曲度 ξ 的值越小,则它的弯曲程度越小。

2)等深线的光滑离差的评估方法

折线段 $P_{i-1}P_iP_{i+1}$ 的二次 B 样条曲线 $P(t)$ 的矩阵形式为

$$P(t) = \frac{1}{2}\begin{bmatrix} t^2 & t & 1 \end{bmatrix}\begin{bmatrix} 1 & -2 & 1 \\ -2 & 2 & 0 \\ 1 & 1 & 0 \end{bmatrix}\begin{bmatrix} p_{i-1} \\ p_i \\ p_{i+1} \end{bmatrix} \quad (t \in [0,1]) \tag{4.16}$$

式中,p_{i-1}、p_i、p_{i+1} 表示点的坐标,可能是一维、二维或三维。

在该段样条曲线上选取 $m+1$ 个等间隔点(包括点 P_{i-1} 与 P_{i+1}),并计算得到这些等间隔点的平面坐标,即

$$P(t) = \frac{1}{2}\begin{bmatrix} t^2 & t & 1 \end{bmatrix}\begin{bmatrix} 1 & -2 & 1 \\ -2 & 2 & 0 \\ 1 & 1 & 0 \end{bmatrix}\begin{bmatrix} p_{i-1} \\ p_i \\ p_{i+1} \end{bmatrix} \quad \left(t = \frac{j}{m}, j = 0,1,\cdots,m\right) \tag{4.17}$$

在已知点 P_i 与这些等间隔点的平面坐标的情况下,可以分别得到点 P_i 与每个等间隔点之间的距离,即

$$d_j = \left\| P(i) - P\left(\frac{j}{m}\right) \right\| \quad (j = 0,1,\cdots,m) \tag{4.18}$$

对点 P_i 与所有等间隔点之间的距离进行比较,可以得到折线段 $P_{i-1}P_iP_{i+1}$ 的光滑离差,即

$$\gamma_i = \min\{d_1, d_2, \cdots, d_m\} \tag{4.19}$$

根据某段或整条等深线的光滑离差 γ 的定义,可以得到其计算公式,即

$$\gamma = \frac{1}{n-2}\sum_{i=1}^{n-2}\gamma_i \tag{4.20}$$

式中，n 表示组成某段或整条等深线的点的总数。某段或整条等深线的光滑离差 γ 的相关解释为：某段或整条等深线的光滑离差 γ 的值越大，则它的平滑性越差；反之，某段或整条等深线的光滑离差 γ 的值越小，则它的平滑性越好。

3）等深线段的弦距的计算方法

首先，计算过节点 P_{i-1}、P_i、P_{i+1} 的圆的半径 r，即

$$r=\frac{abc}{\sqrt{(a+b+c)(a+b-c)(a-b+c)(b+c-a)}} \tag{4.21}$$

式中，a、b、c 分别表示线段 $P_{i-1}P_i$、P_iP_{i+1}、$P_{i-1}P_{i+1}$ 的长度。

其次，可根据节点 P_{i-1}、P_i、P_{i+1} 的坐标计算圆心 O 的坐标 (x_O, y_O)，并计算圆心 O 到线段 $P_{i-1}P_i$ 的距离 d_{CD}，即

$$d_{CD}=\frac{(x_O-x_{P_{i-1}})(x_{P_i}-x_{P_{i-1}})+(y_O-y_{P_{i-1}})(y_{P_i}-y_{P_{i-1}})}{\sqrt{(x_{P_i}-x_{P_{i-1}})^2+(y_{P_i}-y_{P_{i-1}})^2}} \tag{4.22}$$

式中，$(x_{P_{i-1}}, y_{P_{i-1}})$ 表示节点 P_{i-1} 的坐标，(x_{P_i}, y_{P_i}) 表示节点 P_i 的坐标。

最后，计算线段 $P_{i-1}P_i$ 的弦距 d，即

$$d=r-d_{CD} \tag{4.23}$$

由此，可以计算等深线的最大弦距 $d_{\max}$ 与平均弦距 $\bar{d}$，即

$$d_{\max}=\max\{d_i\} \tag{4.24}$$

$$\bar{d}=\frac{1}{n}\sum_{i=0}^{n-1}\sqrt{(x_{P_{i+1}}-x_{P_i})^2+(y_{P_{i+1}}-y_{P_i})^2} \tag{4.25}$$

式中，$i=1,2,\cdots,n$，n 表示等深线节点数量。

4）等深线的相邻节点三角形面积的计算方法

采用海伦公式计算等深线的相邻节点三角形 $P_{i-1}P_iP_{i+1}$ 的面积 S_i，即

$$S_i=\frac{1}{4}\sqrt{(a+b+c)(a+b-c)(a+c-b)(b+c-a)} \tag{4.26}$$

式中，a 表示线段 $P_{i-1}P_i$ 的长度，b 表示线段 P_iP_{i+1} 的长度，c 表示线段 $P_{i-1}P_{i+1}$ 的长度。

根据单个相邻节点三角形面积的计算公式，可以得到最大相邻节点三角形面积 $S_{\max}$ 与平均相邻节点三角形面积 $\bar{S}$ 的计算公式，即

$$S_{\max}=\max_{i=1,\cdots,n-1}\{S_i\} \tag{4.27}$$

$$\bar{S}=\frac{1}{n-1}\sum_{i=1}^{n-1}S_i \tag{4.28}$$

3. 试验与分析

为了进一步比较本书所提方法与传统方法在平滑性评估上的差异，将图 4.22(a)、(b)、(c)中的等深线分别分为 3 段。根据式(4.14)～式(4.28)进行计算，具体结果如表 4.22、表 4.23 所示。

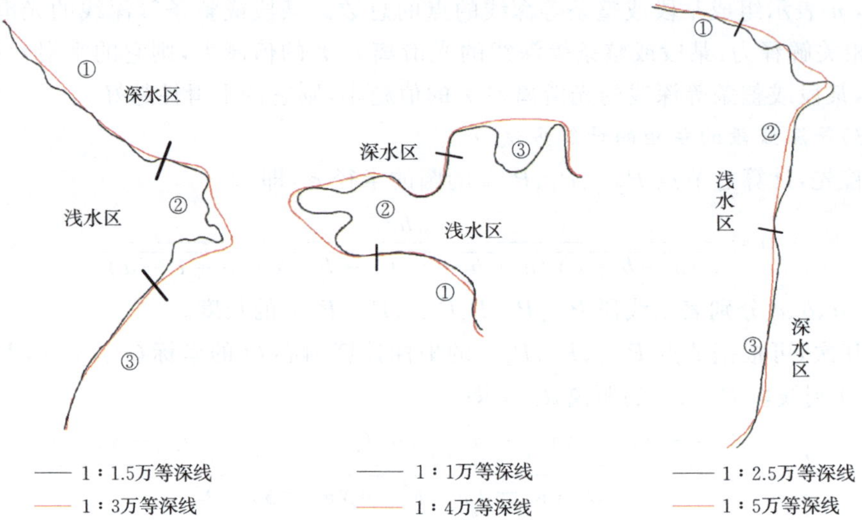

（a）区域Ⅰ （b）区域Ⅱ （c）区域Ⅲ

图 4.22 待评估等深线

表 4.22 等深线弯曲度的分析比对

试验编号	区段编号	传统方法	弯曲度
Ⅰ	①	只能依靠制图人员的定性感知判断等深线的弯曲程度，无法进行定量评估	0.37
	②		1.02
	③		0.15
Ⅱ	①		0.45
	②		1.05
	③		0.97
Ⅲ	①		0.13
	②		0.97
	③		0.21

表 4.23 等深线平滑性的分析比对

试验编号	区段编号	传统方法	等深线的光滑离差/mm	等深线的平均弦距/mm	等深线的平均相邻节点三角形面积/mm²
Ⅰ	①	只能依靠制图人员的定性感知判断等深线的平滑程度，无法进行定量评估	0.031	0.065	0.25
	②		0.026	0.114	0.78
	③		0.040	0.082	0.35
Ⅱ	①		0.036	0.029	0.31
	②		0.062	0.074	0.68
	③		0.074	0.063	0.70
Ⅲ	①		0.030	0.054	0.28
	②		0.042	0.071	0.69
	③		0.039	0.062	0.32

由表 4.22、表 4.23 可以看出，传统方法是制图人员依靠经验定性感知等深线的平滑程度，而无法对等深线的整体或局部的平滑程度进行定量评估。本书所提等深线的弯曲度、光滑离差指标与评估方法能够对等深线的整体和局部的平滑程度进行定量评估。

§4.3　海底地形地貌数据中属性精度评估

4.3.1　属性精度评估元素分析

属性精度是指实体的属性值与其真实值相符的程度，通常取决于数据的类型。属性为隐含的空间数据信息，但具有重要价值，需要对其进行全面检查。一般来说，属性精度评估为属性项定义正确性。对于海图中的水深注记来说，其属性精度评估主要是检查其是否明确、具体地标注出所有的特殊水深即图中是否存在应该是特殊水深但是没被标为特殊水深的水深注记，本书将其简称为特殊水深属性精度评估。属性精度评估元素如表 4.24 所示。

表 4.24　属性精度评估元素

一级质量元素	二级质量元素	三级质量元素
属性精度	属性项定义正确性	特殊水深属性精度

4.3.2　特殊水深属性精度评估

舰船在海上航行，确保航行安全是第一位的，而水下存在许多的浅滩、暗礁，它们是舰船航行时的最大障碍。为确保舰船的航行安全，海图应准确、显著地反映这些碍航物的位置范围和深度特征。例如，在浅滩、暗礁等海底凸地貌顶部，若有妨碍航行的浅水深，必须明确表示，否则很容易引发舰船搁浅、触礁事故。在海图中，明显浅于周围深度的水深会被设为特殊水深，并以外套点圈明显标识，以引起读图者的注意。制图人员在获取外版海图数据后，需要对水深属性进行检查，即检查图面中是否存在应该是特殊水深但是在图上却没被标为特殊水深的水深注记。目前这一步骤仍需要制图人员利用制图经验完成。而海图上的水深注记属于一种较为简单的可视化符号，具有很强的抽象性，这种不直观的特性会给制图人员判断、识别特殊水深带来困难，不但降低了工作效率，而且评估的结果在很大程度上取决于制图人员的业务水平和工作态度。

一直以来，人们对于海图上的特殊水深都缺乏定量的认识，目前尚无文献为特殊水深的识别提出明确具体的指标和方法。坡度是一个被广泛用于制图实践的地形描述算子，本节借鉴坡度的定义，提出了图示坡度的概念，并依此提出一种海图特殊水深的定量识别方法，用来定量评估外版海图特殊水深的属性精度。

1.图示坡度的定义

坡度是对一定区域内高程变化的描述，是表示地面上某点倾斜程度的一个量，是一个既有大小又有方向的量，即矢量。从数学上来讲，坡度矢量的模等于地表曲面函数在该点的切平面与水平面夹角的正切。如图 4.23 所示，α 是坡度角，Δh 是高差，d 是水平距离，则地表坡度值可表示为

$$\tan\alpha = \Delta h / d \tag{4.29}$$

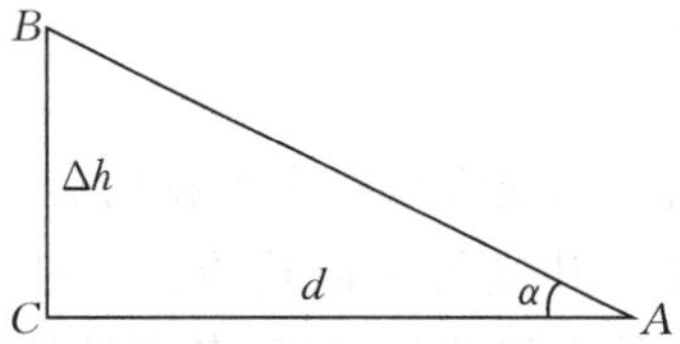

图 4.23　坡度的计算

在海图中，水深注记呈离散分布，且多以菱形排列。目前，对于 DEM 坡度计算方法的研究及地形特征点的提取方法研究大多是基于格网 DEM 的，这些计算方法不能直接用于计算海图水深数据的坡度或识别特殊水深。考虑海图上的水深注记来源于实测数据，具有较高的位置精度、属性精度，可利用这些不规则分布的数据点构建德洛奈三角网。对于每一个非靠近岸线的水深注记点，以其为顶点构建三角网，这些水深为邻接水深，并将图示坡度 C 作为量化水深注记间地形起伏大小的指标，将其定义为水深点 T 的某一邻接水深点 J 的水深值与水深点 T 的水深值的差值 $\Delta h = J_{\mathrm{Depth}} - T_{\mathrm{Depth}}$（单位为 m）与这两点图上水平距离 d（单位为 cm）的比值，即

$$C = (J_{\mathrm{Depth}} - T_{\mathrm{Depth}}) / d \tag{4.30}$$

该比值与这两点在现实地理环境中坡度角 α 的关系为

$$\tan\alpha = C \times S \times 100 \tag{4.31}$$

式中，S 为该海图的比例尺分母数字。直接计算两处水深注记在现实地理环境的坡度值，得到的结果太小，且不同计算结果之间没有较好的区分度，而两处水深注记的水深值和间隔是最直接的识图结果，因此图示坡度可以较为直观、显著地反映海图上两处水深注记之间海底地形表面的倾斜程度。

2.特殊水深的定量识别方法

特殊水深实际上是一个具有特征信息的地形要素，是海底地形表面的局部极值点，属于特征点。特殊水深的数值不仅能够表示其水深信息，也能够给予其周围区域更多的地形信息。为获取每个水深的邻接水深，需要利用水深数据构建德洛奈三角网，然后添加陆地和岛屿边界，删除与陆地和岛屿边界有交集的三角网边。

在构建三角网后，每一水深注记都可获得其邻接水深，若某一水深注记的水深值小于其所有邻接水深，则可判定此点为海底地形表面的局部最浅点。将局部最浅点的水深值记作 z_s，将其邻接水深记作 z_i，分别计算局部最浅点与邻接水深的图示坡度。考虑舰船航行时可能从各个方向经过这些局部最浅点，本书将图示坡度的最大值 $C_{\max}$ 作为判断特殊水深等级的依据。

在目前的海道测量中，特殊深度或浅地区域的水深变化率可分为弱、中、强三级。变化率在 10%～20% 的为弱级，变化率在 20%～30% 的为中级，变化率在 30% 以上的为强级。水深变化率 ψ 的计算公式为

$$\psi = (Z_i - Z_s)/Z_i \tag{4.32}$$

式中，Z_s 为局部最浅点的水深值，Z_i 为 Z_s 周围最深的水深值。

由式(4.32)可得 Z_i 与 Z_s 的关系为

$$Z_i = Z_s/(1-\psi) \tag{4.33}$$

海图上局部最浅点的水深值 z_s 及其邻接水深的水深值 z_i 的关系为

$$z_i = z_s/(1-\psi) \tag{4.34}$$

根据图示坡度的定义，将已经找出的局部最浅点的水深值 z_s 及其邻接水深的水深值 z_i 分别作为 T_{Depth} 及 J_{Depth} 代入式(4.30)，并根据式(4.34)将 z_i 用 z_s 表示，可得

$$C = (\psi \times z_s)/[(1-\psi) \times d] \tag{4.35}$$

为判断某局部最浅点是否应为特殊水深，参考当前我国海图所设基本等深线的数值，对局部最浅点的水深值 z_s 分情况进行分析。

(1)当 $z_s \in (0,2)$ 时，直接将该局部最浅点判定为特殊水深。

(2)当 $z_s \in [2,5)$ 时，应该将式(4.30)中的 C 作为阈值对 $C_{\max}$ 进行判断。若要选取所有 $C_{\max}$ 较大的局部最浅点，阈值 C 应取得尽量小，因此式(4.35)中 z_s 应取最小值 2 m；同时，根据《中国航海图编绘规范》对水深间距的相关要求(表 4.25)，当水深小于 20 m 时，其最大间隔可取到 1.5 cm，即 $d=1.5$ cm。因此，当 $z_s=2$ m、$d=1.5$ cm 且 ψ 的取值分别为 $\psi \in (0,10\%)$、$\psi \in [10\%,20\%)$、$\psi \in [20\%,30\%)$ 及 $\psi \in [30\%,+\infty)$ 时，由式(4.35)分别得到 $C \in (0,0.15)$、$C \in [0.15,0.33)$、$C \in [0.33,0.57)$ 及 $C \in [0.57,+\infty)$。考虑弱级水深会对航行产生影响，在判断特殊水深时将 ψ 的取值范围设为 $[10\%,+\infty)$。

表 4.25　水深间距要求

海水深度	水深间距/cm
浅于 20 m 的海区	1.0～1.5
20～50 m 的海区	1.2～2.0
深于 50 m 的海区	1.8～3.0

(3)类似地，当 $z_s \in [5,10)$、$z_s \in [10,20)$、$z_s \in [20,30)$、$z_s \in [30,50)$ 及 $z_s \in [50,+\infty)$ 时，可得到 $\psi \in [10\%,+\infty)$ 时分别对应的 C 的取值范围。需要注意的是，当 $z_s \in [20,30)$、$z_s \in [30,50)$ 及 $z_s \in [50,+\infty)$ 时，其水深注记的最大间隔分别可取到 2 cm、2 cm、3 cm。

综上所述，将特殊水深的判断条件列出，如表 4.26 所示。

表 4.26 特殊水深的判断条件

局部最浅点的水深区间/m	特殊水深判断条件
(0,2)	—
[2,5)	$C_{max} \geqslant 0.15$
[5,10)	$C_{max} \geqslant 0.37$
[10,20)	$C_{max} \geqslant 0.74$
[20,30)	$C_{max} \geqslant 1.11$
[30,50)	$C_{max} \geqslant 1.67$
[50,+∞)	$C_{max} \geqslant 1.85$

3.试验与分析

1)方法可行性分析

为验证本书所提方法的可行性,选取如图 4.24 所示的试验海区,将该区域内已公开出版发行的比例尺为 1∶150 000 的海图水深作为试验数据。海图区域内共有水深点 1 376 个,其中有 4 个由人工选取的特殊水深。将特殊水深的属性全部改为普通水深后进行试验,步骤如下:

图 4.24 试验海区示意

(1)读取该区域内所有水深数据,构建德洛奈三角网。

(2)向区域内添加陆地及岛屿边界,通过线段求交获得与陆地及岛屿边界有交集的三角形边,并将其删除。

(3)遍历所有水深数据,获取其图上坐标及水深值,并获取其邻接水深的值。找出水深值小于其所有邻接水深的水深点,即局部最浅点。

(4)对于每一个局部最浅点,获取其邻接水深的个数、图上坐标及水深值,并分别计算每一邻接水深的图示坡度,根据其最大值及水深值识别特殊水深,结果如表 4.27 所示。

表 4.27 特殊水深定量识别结果

序号	水深值/m	坡度
1	3.4	7.13
2	4.9	10.21
3	8.6	1.25
4	17.2	1.47

将特殊水深用外套点圈标出,定量识别结果可视化后如图 4.25 所示。

通过与原海图上的特殊水深进行比对,发现计算机定量识别的结果与原海图标注的特殊水深是一致的。由于原海图中手工选取的特殊水深是经过“三级审核,一级验收”的最终结果,符合《中国航海图编绘规范》的要求,故可认为计算机对特殊水深的定量识别方法具有可行性。

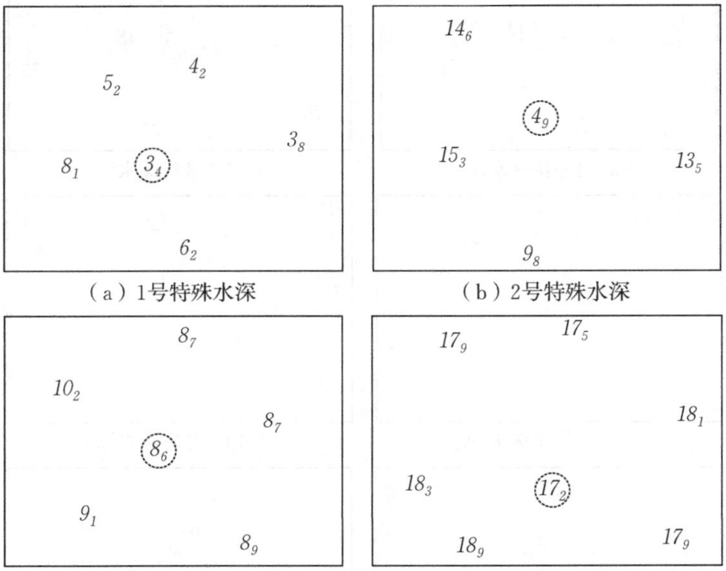

图 4.25　特殊水深的定量识别结果

为了对比人工识别与计算机定量识别的准确度与效率,将该组试验数据分别交由 4 名制图人员进行特殊水深识别,人工识别特殊水深的结果与计算机自动分析定量识别的结果如表 4.28 所示。

表 4.28　人工识别与计算机定量识别结果

作业对象	错漏/个	用时/min
作业员 *A*	1	17
作业员 *B*	0	21
作业员 *C*	1	12.5
作业员 *D*	0	14
计算机定量识别	0	1.2

通过表 4.28 可以看出,对于作业内容和工作量相同的海图特殊水深识别,作业员 *A* 和作业员 *C* 均存在错漏的现象,作业员 *B* 与作业员 *D* 虽然未发生错漏,但用时较长。而计算机的定量识别不仅未发生错漏,且其用时远小于人工识别的用时,具有更好的特殊水深识别准确度和更高的效率,较传统方法具有一定的优势。

2)外版海图特殊水深属性精度的定量评估

另选一幅比例尺为 1∶120 000 的某外版海图数据,原海图中被标记出的特殊水深如图 4.26 所示。

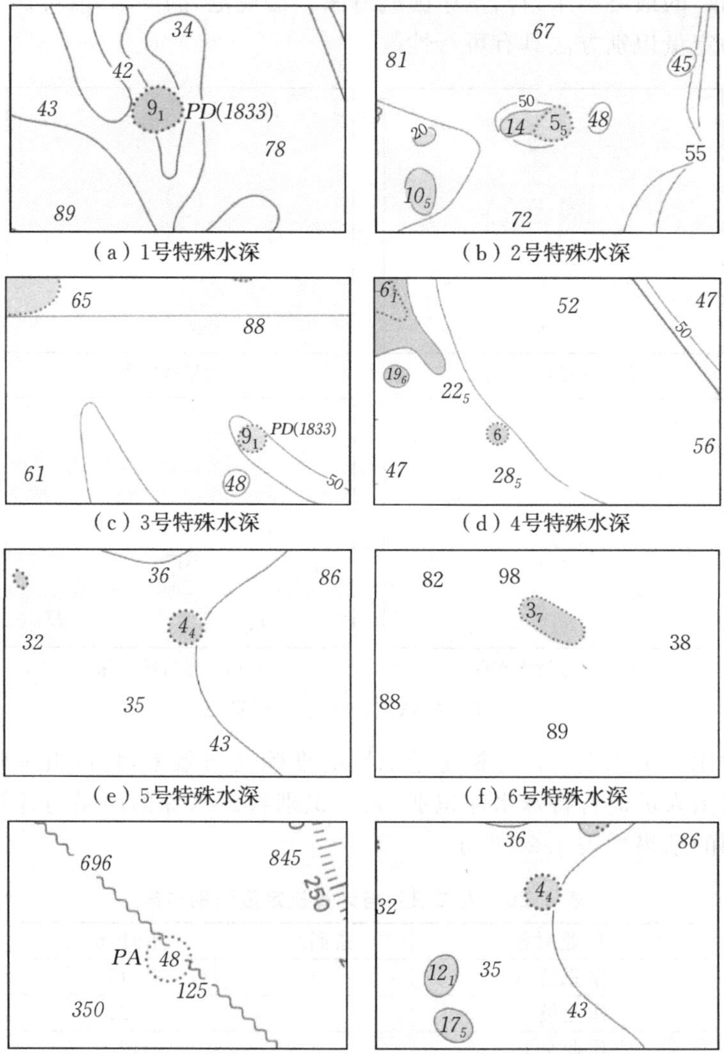

（a）1号特殊水深　（b）2号特殊水深

（c）3号特殊水深　（d）4号特殊水深

（e）5号特殊水深　（f）6号特殊水深

（g）7号特殊水深　（h）8号特殊水深

图 4.26　某外版海图中已标记出的特殊水深

在对这幅海图进行数字化录入和数据标准化处理后，利用本书所提方法定量识别其中的特殊水深。将识别结果与原海图存在的特殊水深进行比对，结果表明，计算机识别出的特殊水深与原海图一致，且未发现被计算机识别出而在图上却没被标为特殊水深的水深点，故可认为该外版海图特殊水深的属性精度符合要求。

通过理论分析与试验证明，得出以下结论：

(1)本节所提方法能够准确地识别海图中的特殊水深，可以用于检验评估外版海图是否存在应该是特殊水深但在图上却没被标为特殊水深的水深注记，能有效避免传统人工识别中作业员业务水平或工作态度等主观人为因素导致的评估结果不一致的情形。

(2)通过与人工作业对比可知,本书所提方法能显著提高海图特殊水深的识别效率,在用于评估外版海图特殊水深的属性精度时,较传统方法有一定的优势。

当然,影响特殊水深识别的因素较多,若要使本书所提方法得到的结果更合理、更准确,还需要结合水深注记与岸线、等深线等的协调关系,对其进行更精细的定量分析。此外,海图上水深注记的间距可根据海底地形起伏变化大小而适当加密或减稀,这对于特殊水深识别中条件参数的取值是否存在影响,还需进一步研究。

§4.4　海底地形地貌数据中位置精度评估

4.4.1　位置精度评估元素分析

海底地形地貌数据的位置精度通常是指海图上水深点(或等深线)在图上表示的坐标数据与实体真实位置之间的接近程度,主要评估元素如表4.29所示。

表4.29　位置精度评估元素

一级质量元素	二级质量元素	三级质量元素
位置精度	平面位置精度	特殊水深的平面位置精度
		水深平面位置整体精度
	深度值精度	航行安全性
		地形表达准确性

4.4.2　水深数据位置精度评估

1.面向水深对象的位置精度精细化评估

在长期的海洋测绘实践中,对水深点的平面精度要求仅是依据比例尺和水深等级所做的一种笼统的规定,未强调单个水深数据之间质量的不同。事实上,同一比例尺海图的水深点在平面位置上是可能存在质量差异的。特别是当海图上的水深数据来源多样时,当前这种将同一比例尺海图的水深点按相同精度来处理的粗放质量分析评估方法不便于有效地控制数据源质量。为此,本书提出面向水深对象的位置精度精细化评估方法。

该方法通过引入不确定度理论实现对单个水深数据的位置精度精细化评估与控制。按照国际海道测量标准S-44(5版)要求,将水深不确定度信息作为水深点位置数据的质量指标,与水深点平面位置及深度信息一起存储。

受风、流和浪涌等各种干扰因素的影响,测量载体会产生横摇、纵摇、艏摇及升沉等运动，则多波束测深数据将随测船航向和摇摆幅度而改变，具有一定的时变性。这就是海道测量中需要进行动态偏心改正、动态位置传算及动态时延改正的原因。多波束测深点的水平、垂直方向上的标准不确定度（标准差）u_{Pos}、u_{Dep} 分别为

$$\left.\begin{aligned} u_{\text{Pos}} &= \sqrt{\sigma_0^2 + \sigma_{\Delta x}^2 + \sigma_{\Delta y}^2 + \sigma_{y_v}^2} \\ u_{\text{Dep}} &= \sqrt{\sigma_{d_1}^2 + \sigma_{d_2}^2 + \sigma_{d_3}^2 + \sigma_{d_4}^2 + \sigma_{\text{H}}^2 + \sigma_{\text{dyn\_draught}}^2 + \sigma_{\text{WL}}^2 + \sigma_{z_v}^2} \end{aligned}\right\} \tag{4.36}$$

式中，σ_0 为定位仪器的精度，$\sigma_{\Delta x}$ 和 $\sigma_{\Delta y}$ 为动态偏心改正、动态位置传算及动态时延改正的综合计算精度，σ_{y_v} 为声线改正在水平方向上的中误差，σ_{d_1}、σ_{d_2}、σ_{d_3}、σ_{d_4}、σ_{H}、$\sigma_{\text{dyn\_draught}}$、$\sigma_{\text{WL}}$、$\sigma_{z_v}$ 分别为测距、波束指向角、纵摇角、波束角、升沉与诱导升沉、船体吃水、潮位推估和声线改正在垂直方向上的中误差。横摇角可与波束指向角中误差一并处理，表层声速的影响已归纳到 σ_{d_2} 中。

由于单波束测深并未考虑上述动态改正，故单波束测深点在水平和垂直方向上的标准差可简单地表示为

$$\left.\begin{aligned} u_{\text{Pos}} &= \sigma_0 \\ u_{\text{Dep}} &= \sqrt{\sigma_{d_1}^2 + \sigma_{\text{dyn\_draught}}^2 + \sigma_{\text{WL}}^2 + \sigma_{z_v}^2} \end{aligned}\right\} \tag{4.37}$$

式中，u_{Pos} 和 u_{Dep} 分别为二维数据和一维数据，根据统计学的知识，此时二者的置信度均为 68%，需将其扩展至 95%，以满足 S-44(5 版)的要求。那么，根据 u_{Pos} 和 u_{Dep} 服从正态分布的特性与其相应的置信度，水平不确定度 u_{H} 和垂直不确定度 u_{V} 可表示为

$$\left.\begin{aligned} u_{\text{H}} &= 2.45 u_{\text{Pos}} \\ u_{\text{V}} &= 1.96 u_{\text{Dep}} \end{aligned}\right\} \tag{4.38}$$

2. 水深数据位置精度的粗略评估

通过式(4.36)～式(4.38)，可针对单个水深实现水深数据的不确定度评估，精细反映每个水深数据的质量差异。然而，不确定度作为衡量水深精度的指标最近才被重视和使用，导致以往的水深数据（如早期的海图水深数据）可能缺少某些相关的信息，无法精确计算水深不确定度。这时，只能根据相关规范（或标准）中的要求，粗略估计水深不确定度。以我国的《海道测量规范》为例，其规定了不同测量等级下深度测量的极限误差，并给出了极限误差的置信度为95%，故可将极限误差作为等级内全部水深数据的垂直不确定度的粗略估值。同时，《中国航海图编绘规范》规定了不同测图比例尺下水深点位的水平精度（置信度为 68%），将其置信度扩展至 95%，用于粗略估计某一比例尺下水深数据的水平不确定度。当然，若水深测量是按照 S-44(5 版)要求执行的，也可参考其中关于不确定度的相关规定。

3. 试验与分析

1)计算参数

采用某海区的海底地形地貌数据，根据相关的系统参数，辅助测量设备技术指标，对具体的不确定度大小进行计算，并进行对比分析。根据测区资料，测船坐标系如图 4.27 所示。

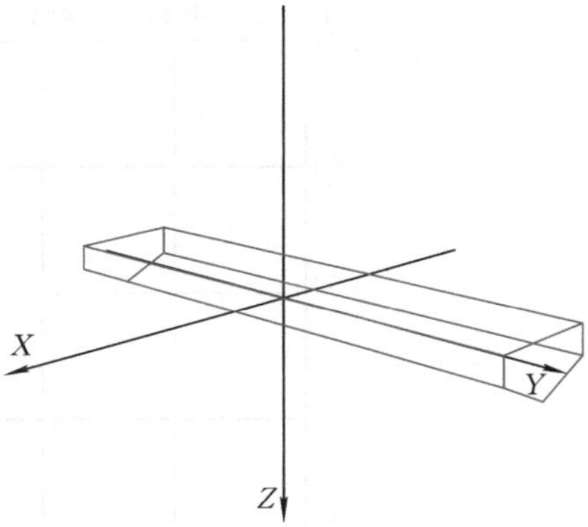

图 4.27　测船坐标系

设定船艏向为 Y 轴，船艏方向为正，水平面上垂直船艏向的为 X 轴，船右舷为正，Z 轴以稳心以下为负。测船定位中心、测深中心(换能器)、姿态传感器坐标偏移量如表 4.30 所示。水深数据采用多波束测深系统获取。测深仪器发射频率为 240 kHz，测深时每 ping 数据包含 101 个波束，纵、横向波束角均为 1.5°，测距中误差为 0.01 m。

表 4.30　仪器部件坐标偏移量

部件名称	坐标		
	X/m	Y/m	Z/m
定位中心	−1.3	−1.4	−4.7
测深中心(换能器)	−3.2	1.5	3.5
姿态传感器	−1.6	−0.9	−3.2

姿态传感器采用 OCTANS 罗经运动传感器，定位仪器为 SF-2050M 的广域差分 GPS，声速和表层声速使用 SV plus 3382 声速剖面仪、MiniSVS 表层声速仪获取，其相关测量精度如表 4.31 所示。

表 4.31　仪器相关测量精度

仪器参量	标准差	单位	仪器参量	标准差	单位
升沉百分比	5	Amp	X 轴偏移量	0.1	m
升沉	0.05	m	Y 轴偏移量	0.1	m
横摇	0.01	(°)	Z 轴偏移量	0.1	m
纵摇	0.01	(°)	剖面声速	0.05	m/s
定位	1	m	表层声速	0.03	m/s
时间延迟	0.001	s	潮汐观测值	0.01	m
船速	0.1	m/s	潮汐区域值	0.15	m

所用数据在进行深度归算和位置归算时的声速剖面如图 4.28 所示，可见测区声速随深度变化比较小，变化量在 −2～2 m/s 内。

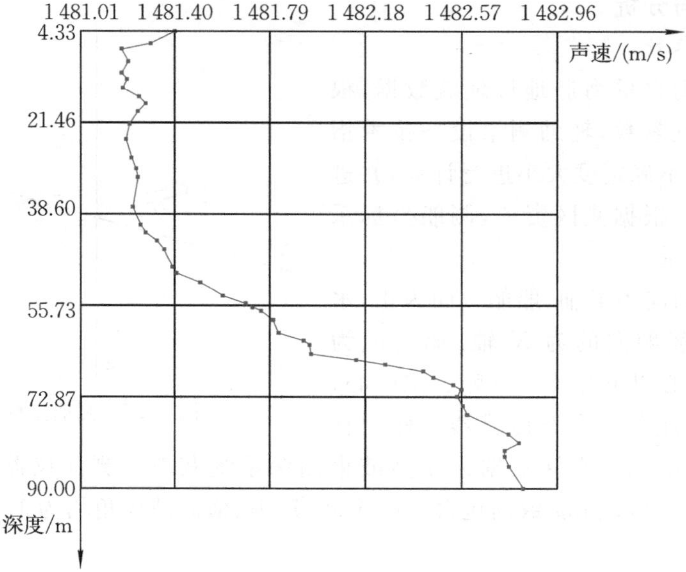

图 4.28　声速剖面

2)实例计算

本次试验选取的 ping 值为 97 756，以波束号为＃206～＃306 的 101 个波束数据为例，读取其原始数据文件(XTF)中的相关参量，分别计算其垂直不确定度和水平不确定度的大小，将结果与 Caris 软件输出结果进行比对，并加入 S-44(5 版)的限差要求，如图 4.29、图 4.30 所示。

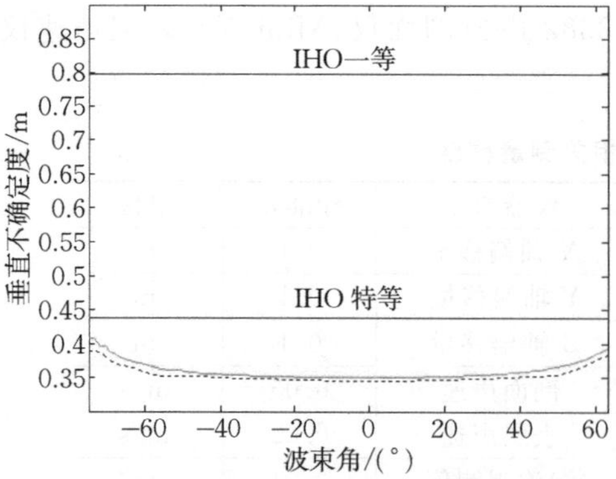

图 4.29　垂直不确定度比对结果

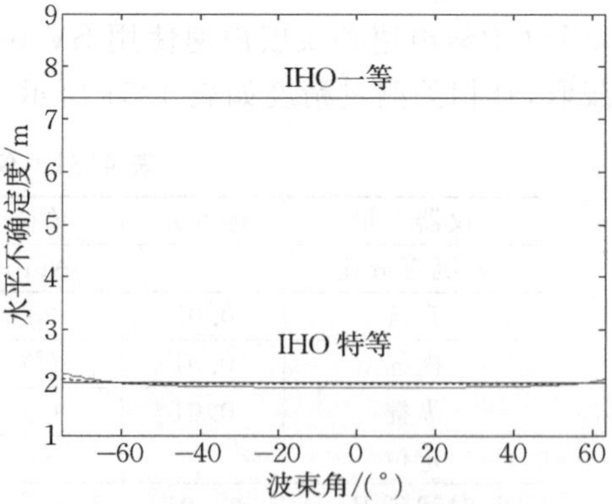

图 4.30　水平不确定度比对结果

图 4.29、图 4.30 虚线部分为 Caris 商用软件计算的结果，可见这一 ping 的数据均能满足 S-44(5 版)对特等测量的不确定度要求，本书所提方法的计算结果与 Caris 软件的结果大致相符，验证了其可行性。

4.4.3　基于比较法的特殊水深位置精度定量评估

前文所述方法是在已知原始水深数据来源信息的前提下，采用国际海道测量组织推荐的不确定度理论，实现水深位置精度评估。然而，多数情况下，可能很难掌握外版海图水深数据的原始信息，为此，本节以特殊水深为研究对象，开展未知信息下的水深位置精度定量评估。

1. 水深位置精度的概念

在地形图质量的评估与分析中，比较法是评估其要素的位置精度时最常用的方法。在待评估的数据中选择一定数量特征明显的、有确定位置的地形或地物特征点作为检查点，在获取其坐标后，将这些检查点的坐标与其在作为参照的高精度数据（通常是更大比例尺的地图数据或野外实测数据）中对应的坐标进行比较，计算坐标值的偏差。对于外版海图来说，图中存在若干特殊水深，如果这些水深在海图中的平面位置偏差太大，就会对舰船的航行安全构成威胁，故需要精细、全面地分析其位置精度。同时，由于海图中除特殊水深之外，大部分水深都不是地形特征点，很难在参照数据中找到与这些水深表示同一地理实体的水深并将其作为检查点，因此，在评估外版海图水深的位置精度时，主要是对其特殊水深的位置精度进行评估。此外，可以计算所有特殊水深平面位置偏差的中误差，近似地估计所有水深数据的总体标准偏差，即位置精度。

2. 基于比较法的特殊水深位置精度定量评估步骤

使用比较法对外版海图特殊水深的位置精度进行评估的具体步骤如下：

(1)利用本书所提方法在外版海图数据中找出所有特殊水深 $P_{ai}(i=1,2,\cdots,n)$，分别获取其在外版海图上的坐标(x_{ai},y_{ai})。

(2)在外版海图中，获取以 P_{ai} 为中心、以其邻接水深为节点的多边形 Polygon_{ai}（如图 4.31 中的多边形 $ABCDE$），将Polygon_{ai} 节点的坐标转换到作为参照的海图上，得到多边形Polygon_{bi}，在参照数据中找出处于Polygon_{bi} 范围内深度值最小的水深 P_{bi}（如图 4.32 中深度为 4.6 m 的水深），将 P_{bi} 作为与特殊水深 P_{ai} 进行比较的水深，获取 P_{bi} 的经纬度。

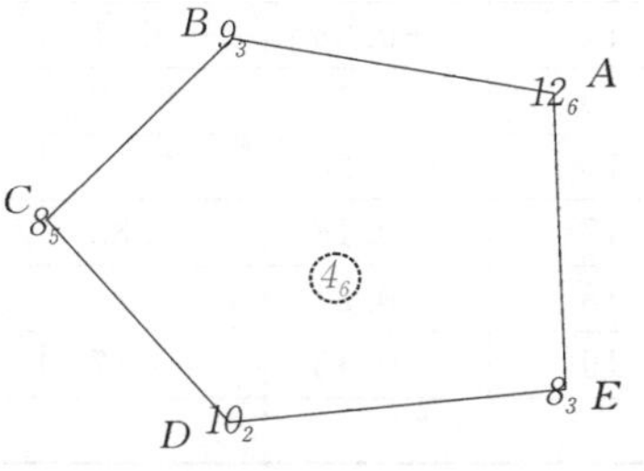

图 4.31　外版海图中的特殊水深及其邻接水深

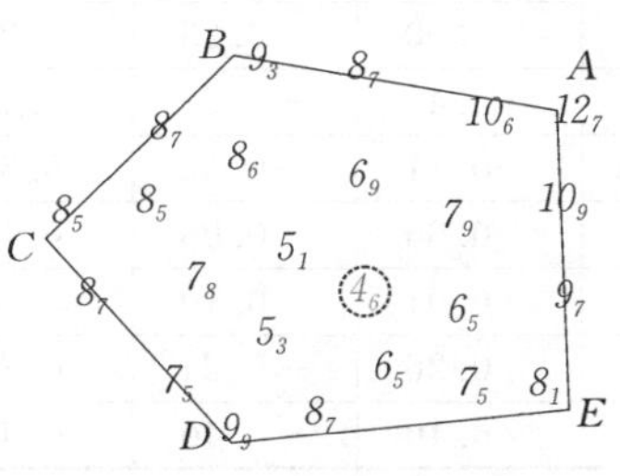

图 4.32　选取与外版海图进行比较的水深

(3)按照外版海图的投影、比例尺等参数将 P_{bi} 的经纬度坐标转换为在外版海图上的坐标(x_{bi}, y_{bi}),则 P_{ai} 与 P_{bi} 在 x 轴和 y 轴方向上的偏差为

$$\left.\begin{array}{l}\Delta x_i = x_{bi} - x_{ai} \\ \Delta y_i = y_{bi} - y_{ai}\end{array}\right\} \tag{4.39}$$

单个特殊水深平面位置的偏差 ΔS 为

$$\Delta S = \sqrt{\Delta x_i^2 + \Delta y_i^2} \tag{4.40}$$

所有特殊水深平面位置偏差的中误差 M_S 为

$$M_S = \sqrt{\frac{\sum \Delta S_i^2}{n}} \tag{4.41}$$

式中,n 为外版海图中特殊水深的个数。根据《中国航海图编绘规范》中的相关要求,水深注记图上位置的偏差应不大于 0.3 mm,可按照各特殊水深平面位置的偏差 ΔS 和所有特殊水深平面位置的中误差 M_S 对外版海图水深的位置精度进行定量分析。

3.试验与分析

本次试验选取某区域的外版海图,将其水深数据进行数字化录入及标准化处理,然后将其作为试验数据;另选我国公开出版、符合《中国航海图编绘规范》的 4 幅比例尺为 1∶250 000 的海图作为参照。

在待评估的外版海图中识别出特殊水深共 19 个,并获取其在外版海图上的坐标 (x_{ai}, y_{ai}),找出这些特殊水深在参照数据中对应的水深点,读取其经纬度坐标并将其转换为外版海图上的坐标 (x_{bi}, y_{bi}),然后计算这些点位的位置精度,如表 4.32 所示。

表 4.32 外版海图位置精度结果 单位:mm

序号	Δx	Δy	ΔS	序号	Δx	Δy	ΔS
1	0.22	0.26	0.34	11	0.19	0.18	0.26
2	0.06	−0.02	0.06	12	−0.07	0.24	0.25
3	−0.18	−0.20	0.27	13	−0.34	−0.07	0.35
4	0.00	0.23	0.23	14	−0.06	−0.21	0.22
5	−0.40	−0.20	0.45	15	0.08	0.02	0.08
6	−0.11	−0.33	0.35	16	−0.28	0.05	0.28
7	0.06	0.08	0.10	17	−0.18	−0.33	0.38
8	0.01	0.10	0.10	18	0.21	−0.26	0.33
9	0.26	−0.24	0.35	19	−0.15	0.17	0.23
10	0.10	−0.40	0.41				

由表 4.32 可以看出,从该外版海图中识别出的 19 个特殊水深中,位置偏差最大的为 0.45 mm,共有 11 个水深的平面位置精度符合《中国航海图编绘规范》中的

相关要求，即偏差 $\Delta S \leqslant 0.3$ mm，占检测点总数的 57.9%，所有点位的平面位置偏差的中误差 $M_S = 0.28$ mm。考虑该外版海图的比例尺较小且为纸质，可以认为其水深的位置精度是正常的。

通过上述分析、计算及试验，本节对外版海图中特殊水深的位置精度进行了定量分析，可以准确找出其中位置偏差超过我国相关规范要求的特殊水深。同时，特殊水深平面位置偏差中误差的计算结果也可以为海图中所有水深的平面位置精度评估提供参考依据。

4.4.4　等深线位置精度评估

1. 基于检查线的等深线位置精度精细评估

对于给定的海图上的某条等深线，可利用一幅（或多幅）更大比例尺海图上的同名等深线来检验、评估其位置精度。

假设一条待评估的等深线为 l（如图 4.33 所示的实线），找到其对应区域内更大比例尺的同名等深线 l'（如图 4.33 所示的虚线），在该同名等深线上均匀选取一定数量的检查点 $i(i=1,2,\cdots,n)$，计算检查点 i 与等深线 l 上对应点位的平面位置偏移量 d_i，从而计算等深线的位置偏移不确定度，即

$$u = 1.96\sqrt{\frac{1}{n}\sum_{i=1}^{n} d_i^2} \tag{4.42}$$

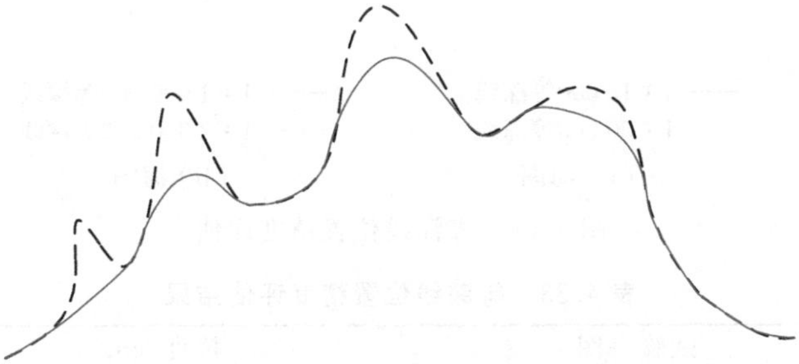

图 4.33　等深线位置精度精细评估

需要说明的是，检查点 i 到等深线 l 上对应点位的平面位置偏移量 d_i 可通过计算检查点 i 到等深线 l 的最短距离获得。

2. 等深线位置精度粗略评估

针对单条等深线，应实现等深线数据的位置偏移不确定度评估，精细反映每条等深线的位置精度差异。然而，由于很难找到给定海图上每条等深线的对应检查线，故只能根据规范（或标准）中的相关要求粗略估计等深线的位置偏移不确定度。以《中国航海图编绘规范》为例，不同测图比例尺下等深线的水平位置精度的置信度一般为 68%，将其置信度扩展至 95%，用于粗略估计某一比例尺下等深线数据

的水平不确定度。当然，若为外版航海图资料，可查找所属国的海图制图规范的具体要求，以粗略估计等深线的位置偏移不确定度。

3.试验与分析

为了验证方法的可行性，对两幅海图（比例尺分别为1∶30 000、1∶2 300 000）上的等深线进行位置精度评估，选用海图（比例尺分别为1∶15 000、1∶1 000 000）上对应等深线作为检查线，如图4.34所示。其中，红线表示1∶30 000和1∶2 300 000海图上的等深线，黑线表示1∶15 000和1∶1 000 000海图上的对应等深线。具体结果如表4.33所示。

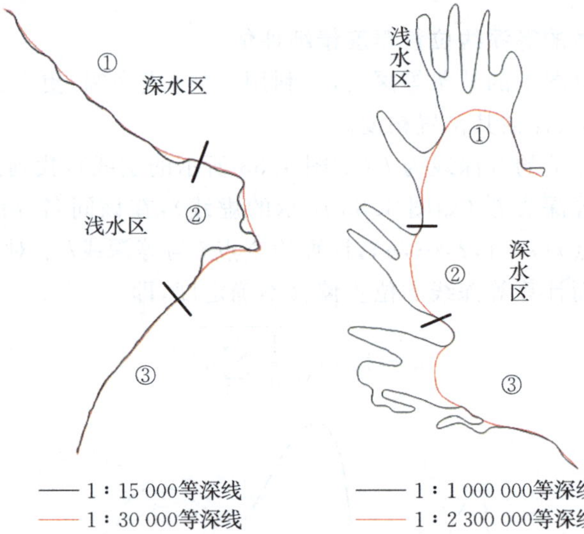

（a）海图一　　（b）海图二

图4.34　等深线位置精度评估

表4.33　等深线位置精度评估结果

试验海图	精度/cm
海图一	1.37
海图二	3.11

由表4.33可以看出，本书所提方法可以通过定量计算等深线的位置偏移不确定度，量化给出等深线的位置精度。

第5章　海底地形地貌数据质量专用指标的直接评估

本章将继续以地理信息系统空间数据质量模型为基础，结合海底地形地貌数据的自身特点，同时考虑海底地形地貌数据的服务对象需求，建立海底地形地貌数据质量评估的专用指标及方法。

§5.1　海底地形表达准确性评估

5.1.1　基于已有海图的水深地形表达准确性评估

海底表面凹凸不平，形态各异。海图水深在保障航行安全的基础上，还应该尽可能准确地还原海底地形的起伏特征，反映海底真实的地貌形态。如果海图水深没有充分表达海底地形的特征，造成海底地貌形态的严重失真，其质量肯定是不好的。在对外版海图进行质量评估时，如果某制图区域与目前已有的高质量海图有重叠，则可以将已有的海图作为参照数据，对外版海图水深数据表达海底地形的准确性进行评估分析。但在评估时，若仅简单借鉴陆地高程模型精度评估常用的中误差指标，则只能笼统地得到整个水深模型面的中误差计算结果，无法精细评估每一处特征地貌形态的表达质量。如果制图人员在检查评估时仅依靠经验，通过水深值的变化对海底地形的高低起伏特征简单地进行感性认识，则很难把握外版海图和参照数据所表达的海底地形变化规律的一致性，无法定量判断外版海图水深数据表达海底地形地貌是否准确。

为解决这一问题，本节利用外版海图数据和参照数据的水深点建立德洛奈三角网，分别提取其中具有一定特征的地貌形态，通过判断从外版海图水深数据中提取的特征地貌形态与从参照数据中提取的是否相似，定量分析外版海图水深数据表达海底地形地貌的准确性。

1. 基于三角网的海底特征地貌形态提取

地貌形态按其外部特征可以分为正向地貌和负向地貌。正向地貌是指高出某一近似平面的凸起形态，在海底地形中通常表现为暗礁、浅滩、海岭等；负向地貌为低于某一平面的凹下形态，在海底地形中通常表现为海盆、海沟等。在海图中，海底地形是由一组不同深度的水深点组成的，但孤立的水深点不具有形态意义，只有相邻水深点的空间与拓扑特性才可以反映海底地形的不同形态特征。由于德洛奈三角网能够方便地计算和表达地理要素间存在的各种邻近关系，探测各地理要素分布结构特征，故利用海图水深点构建德洛奈三角网，设计海底特征地貌形态提取方法。以提取海底正向地貌为例，其步骤如下：

(1)设有水深点 p_a，其深度值为 z_a，p_a 某一邻接水深点 p_b 的深度值为 z_b，p_a 与 p_b 在海图上的距离为d，根据图示坡度的定义，p_a 与 p_b 的图示坡度为$C=(z_b-z_a)/d$。

(2)对于单个水深点 $p_i(x_i,y_i,z_i)$，(x_i,y_i) 为其平面位置坐标，z_i 为其深度值，给 p_i 添加特征等级属性，记为 l_i。获取海图的所有水深点集合 $P=\{p_1,p_2,\cdots,p_n\}$，构建德洛奈三角网，并为所有水深点的特征等级 l_i 赋予初始值 -1。

(3)遍历所有水深点，可获取与每个水深点邻接的水深点，找出深度值小于其所有邻接水深值的水深点，若其与邻接水深点图示坡度的最大值大于某一阈值，则将其特征等级设为 1，并将其所有邻接水深点的特征等级设为 0。

(4)按深度值从小到大的顺序遍历特征等级为 0 的水深点，设当前遍历的水深点为 $p^i_{l=0}$，其邻接水深点中特征等级为 -1 的水深点集合为 $P_{l=-1}=\{p^1_{l=-1},p^2_{l=-1},\cdots,p^n_{l=-1}\}$，分别计算 $p^i_{l=0}$ 与 $P_{l=-1}$ 中每一水深点的图示坡度。若 $p^i_{l=0}$ 与 $P_{l=-1}$ 中所有水深点的图示坡度均小于某一阈值，将 $p^i_{l=0}$ 的特征等级设为 2；否则，将 $p^i_{l=0}$ 的特征等级设为 1，将 $P_{l=-1}$ 中所有水深点的特征等级设为 0。

(5)重复步骤(4)，直至所有水深点集合 P 中不再存在特征等级为 0 的水深点。

(6)选出特征等级为 1 和 2 的水深点及连接它们的德洛奈三角网，将其作为提取的正向地貌。如果当前提取的和已提取的正向地貌有相同的、特征等级为 2 的水深点，则将这两处正向地貌所有特征等级为 1 和 2 的水深点进行合并，视作一处正向地貌。

上述步骤中的图示坡度反映了海底地形表面的倾斜程度。图示坡度越大，表明海水深度随距离的变化越显著。根据前文所述识别特殊水深时所用图示坡度的大小，将步骤(3)、(4)中提取正向地貌时所用阈值的大小列出，如表 5.1 所示。

表 5.1 提取正向地貌时所用阈值的大小

深度区间/m	阈值大小
(0, 2)	0
[2, 5)	0.15
[5, 10)	0.37
[10, 20)	0.74
[20, 30)	1.11
[30, 50)	1.67
[50, +∞)	1.85

图 5.1 显示了从某海图中提取的 3 处正向地貌，方框内的是特征等级为 1 的水深点，圆框内的是特征等级为 2 的水深点，灰色虚线为连接它们的德洛奈三角网。

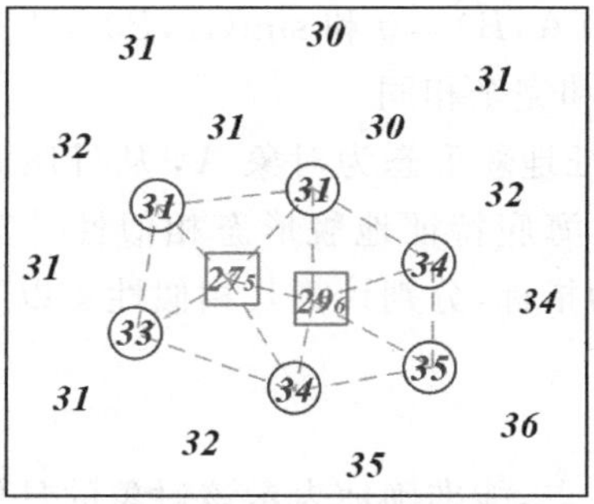

（a）两个水深点形成的正向地貌

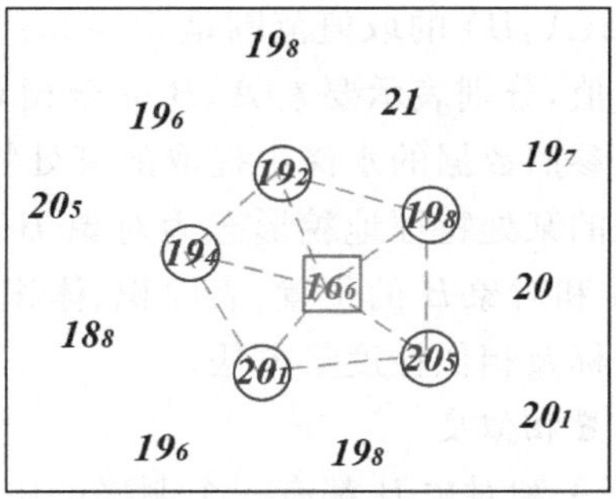

（b）单个水深点形成的正向地貌

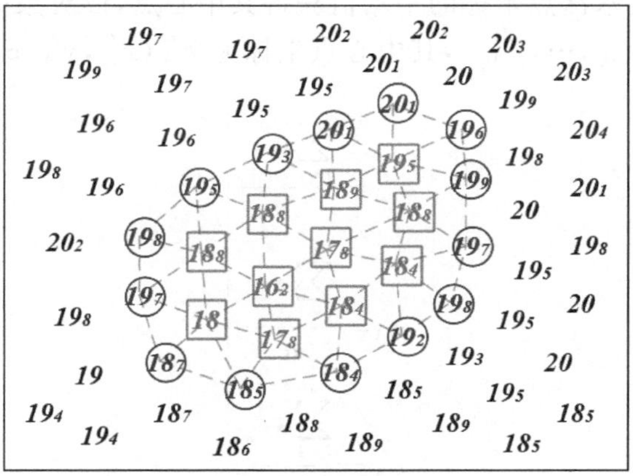

（c）多个水深点形成的正向地貌

图 5.1　某海图正向地貌的提取结果

在提取负向地貌时，需要做出以下调整：

(1)在提取正向地貌步骤(3)中需要先找出深度值大于其所有邻接水深值的水深点。

(2)在提取正向地貌步骤(4)中按深度值从大到小的顺序遍历特征等级为 0 的水深点。

(3)在提取正向地貌步骤(3)、(4)中判断图示坡度和阈值的关系时，将原大于和小于的关系取反。

2. 海底特征地貌形态相似性的计算方法

相似性是一个广泛使用的概念，它强调两个空间对象在某一方面或多个方面的相同程度。相似性与差异度是一对互补的概念，差异度小则相似性大，故相似性的量算是通过对差异度进行标准化后取补来实现的，即

$$\mathrm{sim}(A,B)=1-\mathrm{dis}(A,B)/U \tag{5.1}$$

式中，$\mathrm{sim}(A,B)$ 是要素的相似性函数；$\mathrm{dis}(A,B)$ 是对要素之间差异性的度量；U 是标准化因子，其值一般取数据集中的两要素相应特征间的最大差距。由式(5.1)

可见，sim(A,B)的取值范围是$0 \sim 1$，sim(A,B)$=0$和sim(A,B)$=1$是相似性度量的极值，分别表示要素A、B完全相异和完全相同。

设从参照数据的水深中提取的某处特征地貌形态为对象A，从外版海图的水深中提取的某处特征地貌形态为对象B。海底特征地貌形态相似性计算需要先以对象A和对象B的位置、表面积、体积为指标，分别计算其相似性。以下为要用到的各指标及相似性度量方法。

1)位置相似度

对象A和对象B都有一个明确的中心点，能准确地表示该对象的具体位置。通过计算对象包含水深点坐标的平均值获得其中心点，设对象A包含的水深点集合为$P_A=\{p_{A_1},p_{A_2},\cdots,p_{A_n}\}$，其中心点坐标为$p'_A(x'_A,y'_A,z'_A)$，则

$$\left.\begin{aligned}x'_A&=\frac{\sum_{i=1}^{n}x_{A_i}}{n}\\y'_A&=\frac{\sum_{i=1}^{n}y_{A_i}}{n}\\z'_A&=\frac{\sum_{i=1}^{n}z_{A_i}}{n}\end{aligned}\right\}\tag{5.2}$$

若对象B的中心点坐标为$p'_B(x'_B,y'_B,z'_B)$，采用欧几里得距离(Euclidean distance)来计算其位置相似度，即

$$\sigma(p'_A,p'_B)=1-\sqrt{(x'_A-x'_B)^2+(y'_A-y'_B)^2+(z'_A-z'_B)^2}/U\tag{5.3}$$

式中，U为对象A和对象B包含的水深点中任意两个水深点的空间距离的最大值。

2)表面积相似度

利用对象所包含的水深构建数字水深模型，模型表面由空间中若干个三角面组成，其中每个三角面的面积可由构成该三角面的顶点坐标计算。若某一三角面的三个顶点坐标分别为(x_1,y_1,z_1)、(x_2,y_2,z_2)、(x_3,y_3,z_3)，则该三角面的面积为

$$\mathrm{Area}(T_i)=\sqrt{p(p-s_1)(p-s_2)(p-s_3)}\tag{5.4}$$

式中

$$\left.\begin{aligned}s_1&=\sqrt{(x_1-x_2)^2+(y_1-y_2)^2+(z_1-z_2)^2}\\s_2&=\sqrt{(x_1-x_3)^2+(y_1-y_3)^2+(z_1-z_3)^2}\\s_3&=\sqrt{(x_2-x_3)^2+(y_2-y_3)^2+(z_2-z_3)^2}\\p&=(s_1+s_2+s_3)/2\end{aligned}\right\}\tag{5.5}$$

若对象A所构建的数字水深模型共有n个三角面，则对象A的表面积为

$$\mathrm{Area}(A)=\sum_{i=1}^{n}\mathrm{Area}(T_i) \tag{5.6}$$

对象 A 与对象 B 的表面积相似度为

$$\sigma(\mathrm{Area}(A),\mathrm{Area}(B))=1-\frac{|\mathrm{Area}(A)-\mathrm{Area}(B)|}{\max(\mathrm{Area}(A),\mathrm{Area}(B))} \tag{5.7}$$

3）体积相似度

水深是深度基准面到海底的距离，若以深度基准面为起始平面，按照每个水深的深度值大小向下构建数字水深模型，即可得到水深分布范围内位于水深模型表面以上、深度基准面以下的海水体（图 5.2 中深度基准面与数字水深模型表面之间的部分）。显然，该海水体的空间形态取决于水深点的空间分布及其深度值的大小。以对象 A 与对象 B 的水深建立数字水深模型，分别获取其海水体 O_A 及 O_B，设属于 O_A 但不属于 O_B 的海水体积为 α，属于 O_B 但不属于 O_A 的海水体积为 β，同时属于 O_A 和 O_B 的海水体积为 γ，将空间细分为若干个相同大小的小立方体，计算符合要求的小立方体的个数，从而得到 α、β 和 γ 的近似值，则对象 A 与对象 B 的体积相似度为

$$\sigma(O_A,O_B)=1-\frac{\alpha+\beta}{\max\{\alpha+\gamma,\beta+\gamma\}} \tag{5.8}$$

但直接计算深度基准面和数字水深模型表面之间海水体的体积相似度有显著的缺点，即计算出的数值明显随该特征地貌形态所处深度的变化而变化。对象 A 与对象 B 所处位置的深度越大，$\alpha+\beta$ 所占对象 A 或对象 B 整个海水体的比例就越小，对两者差异的反映就越不显著。为避免这个缺点，首先获取对象 A 与对象 B 包含的所有水深的最小深度值，然后以此深度建立最小深度平面。设对象 A 与对象 B 的水深分布范围内位于数字水深模型表面以上、最小深度平面以下的海水体（图 5.3 中最小深度平面与数字水深模型表面之间的部分）分别为 O_A 和 O_B，按照相同的方法获得 α、β 和 γ 的值，并根据式(5.8) 计算对象 A 与对象 B 的体积相似度。

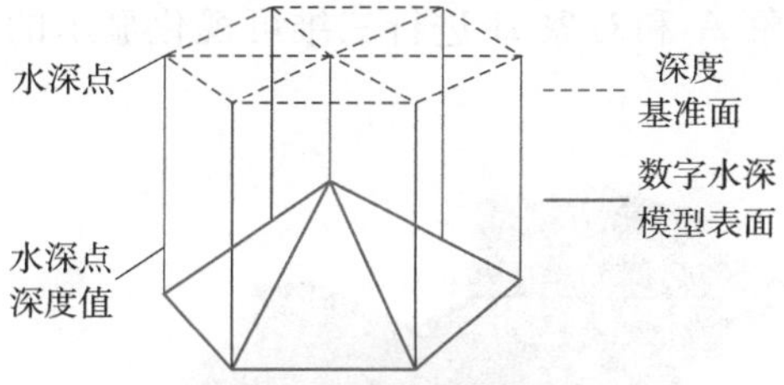

图 5.2　数字水深模型表面示意

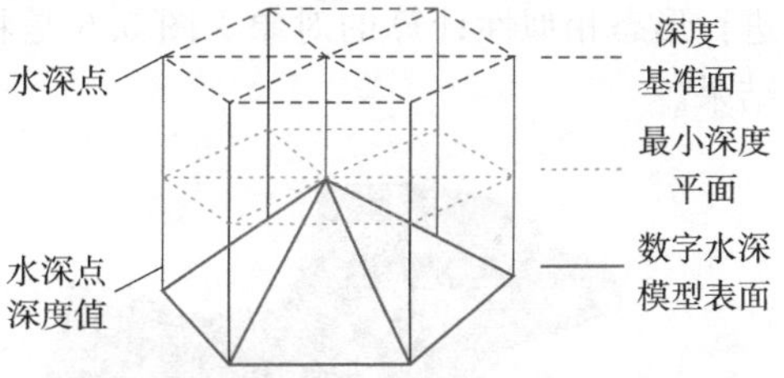

图 5.3　最小深度平面示意

3. 试验与分析

1）海底特征地貌形态的提取

在试验中，选取某比例尺为 1：200 000 的外版海图，将其与某比例尺相同且通过“三级审核、一级验收”，符合《中国航海图编绘规范》要求的高质量海图的重叠

区域作为试验区域，以高质量海图在此区域内的水深为参照数据，以外版海图在此区域内的水深为待评估数据，利用参照数据和待评估数据分别模拟海底地形表面，如图 5.4 所示。

（a）参照数据　　（b）待评估数据

图 5.4　模拟试验海区海底地形表面

对参照数据和待评估数据的特征地貌形态进行提取，试验区域内未提取出负向地貌，图 5.5 的灰色区域分别显示了参照数据和待评估数据正向地貌的分布情况。

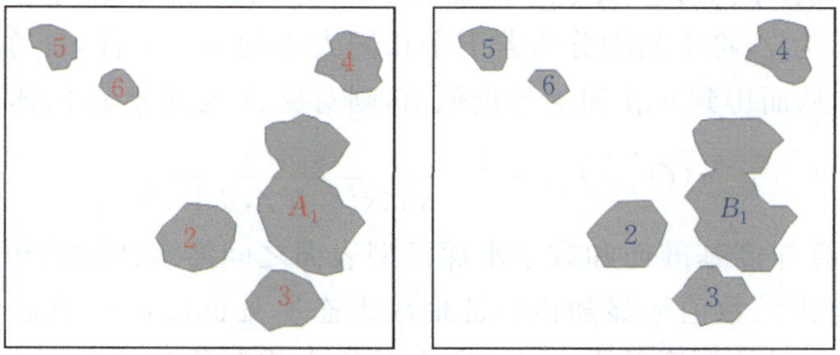

（a）参照数据　　（b）待评估数据

图 5.5　正向地貌的提取结果

2）计算海底特征地貌形态相似性

设图 5.5(a)中标记字母处的特征地貌形态为对象 A，计算对象 A 包含的水深点平面坐标的最小外接矩形，同时计算图 5.5(b)中从待评估数据提取出所有特征地貌形态水深点平面坐标的最小外接矩形，找出与交集面积最大的对象 B，将其作为与对象 A 进行形态相似性计算的对象。图 5.6 是将对象 A 和对象 B 进行三维可视化显示的结果。

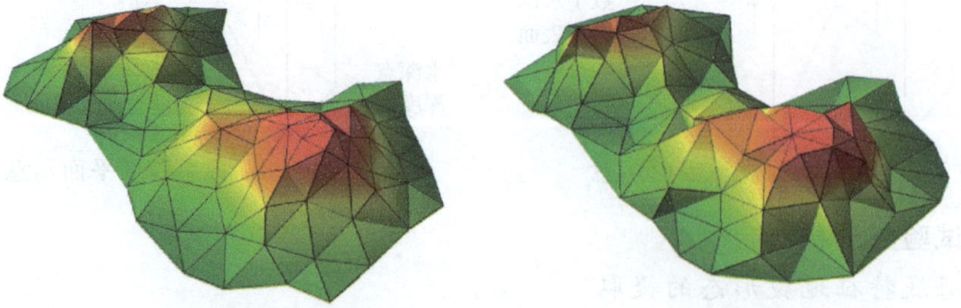

（a）对象A　　（b）对象B

图 5.6　相似性计算的对象的三维可视化显示

计算对象与对象所包含水深点的位置相似度、表面积相似度及体积相似度，其结果如表 5.2 所示。

表 5.2　对象与对象的相似度计算结果

相似度	位置相似度	表面积相似度	体积相似度
数值	0.945	0.904	0.875

按照以上方法，分别计算参照数据与待评估数据中每一处特征地貌形态的相似度，区域编号对应的特征地貌如图 5.5 所示，计算结果如表 5.3 所示。

表 5.3　特征地貌相似度计算结果

区域编号	位置相似度	表面积相似度	体积相似度
1	0.945	0.904	0.895
2	0.940	0.851	0.837
3	0.937	0.826	0.813
4	0.922	0.803	0.821
5	0.939	0.794	0.775
6	0.916	0.751	0.719

从以上结果可以看出，提取的正向地貌位置相似度都比较高。位置相似度指标是采用某处特征地貌所有水深点坐标的平均值作为中心点进行计算的，若进行比较的两个对象对应的不是现实中同一地理实体，则该指标引起的差异将会很大。因此，如果某处特征地貌的位置相似度计算值很小，甚至无法在待评估数据中找到与参照数据相比较的对象，即可判断待评估数据在此处丢失了应与参照数据相匹配的地貌形态，水深的地形表达准确性不好。编号为 1 的正向地貌拥有最高的表面积相似度和体积相似度，说明待评估数据较为完整，准确地表达了该处的特征地貌；同时，此区域面积最大，待评估数据在此区域包含数量最多的水深点，随着提取特征地貌的区域面积的减少，其包含的水深点个数变少，表面积相似度和体积相似度也在降低。这是因为在一定的比例尺下，数量较少的水深点对地貌的表达能力有限，由此构建的水深模型包含较大的描述不确定度。包含水深点数量较少的正向地貌通常是海底地形变化较为剧烈的区域，对于舰船的航行安全具有较大威胁，在此区域内的海图水深的首要任务是满足航行安全要求，而非准确表达海底地形地貌，因此其表面积相似度和体积相似度都较小，在评估时应更注重使用深度保证率等指标来严格检验其是否遗漏了水深浅点。

本节利用外版海图和已有高质量海图的水深点构建德洛奈三角网，通过分析海底地形的起伏变化规律，提取海底特征地貌形态，并将每一处特征地貌看作一个对象，设计了位置相似度、表面积相似度及体积相似度指标，可以较为合理地反映外版海图和参照数据表达同一对象的相似程度。相比于传统的依靠制图人员读取外版海图和参照数据的水深，对其中海底地形的起伏变化规律进行经验感知，然后判断外版海图水深是否准确的做法，本节所提指标和方法可以量化外版海图与已有参照数据的特征地貌的相似程度，为定量评估外版海图水深数据表达海底地形地貌的准确性提供了参考依据。当然，由于海底地形地貌复杂，且人们对于相似关系通常是模糊和定性的描述，故在对相似性进行定量描述和分析时，仍会有诸多考虑不全面的地方。同时，特征地貌形态之间的相似性受对象包含水深点的数量、海底地形复杂度等因素的综合影响，如何掌握相似度计算结果随这些因素变化的规律，并最终合理确定相似度评估指标合格的数值，还有待进一步探索。

5.1.2 基于航渡式数据的水深地形表达准确性评估

利用已有的海图数据，可从位置精度、航行安全性及海底地形表达准确性三个方面对外版海图水深的质量进行较为系统的评估。然而，由我国海图制图单位编制出版的海图覆盖范围有限，在某些海区可能无法找到可作为参照数据的高质量海图。此时应考虑选用其他覆盖范围更大、具有较高精度的数据作为参照数据。

近年来，航渡式水深测量系统已经成为一种新兴的水深数据获取方式，其利用随船携带的定位设备和测深仪器进行定位和测深，以获取船舶航迹区域内的水深数据。目前，我国航渡式水深测量系统已实现了数字化、自动化和集成化，为我国航渡式水深测量提供了作业基础；而随着我国海洋权益的进一步拓展，更多的船舶将在全球海域内开展远洋航行，航渡式测深数据量也会逐渐增大。考虑航渡式测深数据具有范围跨度大、获取方式简单、数据精度较高等优势，可使用我国航渡式水深测量数据作为比对资料，对与航渡式水深数据具有重叠区域的外版海图水深进行质量检验和评估。

航渡式水深测量通常只在航线上进行一次测深，很少经过海图中标绘为特殊水深的区域，用其评估外版海图水深位置精度的可行性不高。利用航渡式测深数据评估外版海图水深航行安全性的方法与前文所述方法类似，本节将不再赘述。这里主要探究基于航渡式测深数据评估外版海图水深地形表达准确性的方法。

1. 基本思想

航渡式水深测量可以完成沿航迹线上的断面测量，其数据较为密集，可以用其近似表示真实海底地形表面在航迹线方向上的垂直剖面，本书将其简称为最优逼近海底剖面，如图 5.7 中的点状虚线所示。以海图水深构建的数字水深模型是对真实海底地形表面形态的数字化表达，则海图水深模型在前述航迹线方向上的垂直剖面即为对最优逼近海底剖面的数字化表达，如图 5.7 中的黑色实线所示。显然，海图水深模型的剖面与最优逼近海底剖面的偏离程度（通常以中误差来衡量）越小，该海图水深的地形表达准确性就越好。目前，已有相关研究通过大量数据的统计分析，发现数字高程模型或数字水深模型的中误差与模型的分辨率及地形的复杂度具有相关性，即当模型分辨率及地形复杂度一定时，数字高程模型或数字水深模型的中误差应有一理论值。对于海图水深模型来说,其分辨率主要受海图比例尺的影响,若能从航渡式测深数据中挖掘出其所经海区的地形复杂度,并进一步得到海图水深模型剖面中误差与地形复杂度及海图比例尺之间的关系公式,即可根据航渡式测深数据及待评估外版海图的比例尺,计算该外版海图水深模型中误差的理论值。然后,利用航渡式测深数据计算海图水深模型中误差的实际值。如果实际中误差小于理论中误差,即可认为该海图水深的地形表达准确性是合格的。

按照上述思路,基于航渡式测深数据的外版海图水深地形表达准确性评估的基本流程如下:

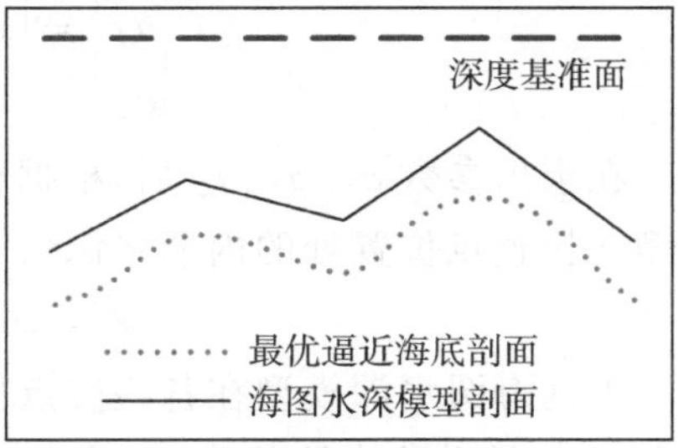

图5.7 最优逼近海底剖面与海图水深模型剖面

(1)将中误差作为衡量外版海图水深地形表达准确性的指标,分析利用航渡式测深数据计算海图水深模型中误差的方法。

(2)提出航渡式测深数据复杂度指标,以此作为测深数据的航线所经海区海底地形复杂度的量化结果。

(3)选取以不同海底地形复杂度的海区为制图区域、经过"三级验收"并符合《中国航海图编绘规范》要求的不同比例尺海图,从这些海图制图区域的全覆盖、高精度的原始多波束测深数据中,各抽取位于单条航线上的水深,用来模拟航渡式测深数据,运用统计分析方法得出海图水深模型的中误差与海图比例尺及航渡式测深数据复杂度之间关系的公式。

(4)在获取待评估的外版海图数据及经过其制图区域的航渡式测深数据后,结合该海图的比例尺及步骤(3)中的方法和公式,计算该外版海图水深模型的理论中误差,再利用步骤(1)中的方法计算该外版海图水深模型的实际中误差,通过判断实际中误差是否小于理论中误差,判断该外版海图水深的地形表达准确性是否符合要求。

2.海图水深模型的中误差及其计算方法

在实际应用中,利用检查点法计算模型面的中误差是目前数字高程模型精度评估中最常用且较为成熟的一种方法,所得计算结果可以较为直观地反映模型表面相对于比对数据的偏离程度。本节将航渡式测深数据中的水深点作为比对数据,计算由海图水深构建的数字水深模型的中误差,并将其作为地形表达准确性的评估指标。

对于航渡式测深数据,其航线上的水深点可表示为 $P_i(X_i, Y_i, Z_i)$,其中,(X_i, Y_i) 为平面坐标,Z_i 为深度值。在利用海图上离散的水深点构建数字水深模型后,将航渡式测深数据的水深点 $P_i(i=1,2,\cdots,n)$ 作为检查点,可根据每个检查点的平面坐标 (X_i, Y_i) 由线性内插算法得到海图水深模型在这些检查点位置处的

内插水深值 Z'_i。

如图 5.8 所示，假设海图水深模型中的一个三角面片所在的平面可以表示为

$$z = a_0 + a_1 x + a_2 y \tag{5.9}$$

式中，参数 a_0、a_1、a_2 可以根据构成该三角面片的三个顶点 $p_1(x_1, y_1, z_1)$、$p_2(x_2, y_2, z_2)$、$p_3(x_3, y_3, z_3)$ 计算求得（p_1、p_2、p_3 为海图上的水深点），即

$$\begin{bmatrix} a_0 \\ a_1 \\ a_2 \end{bmatrix} = \begin{bmatrix} 1 & x_1 & y_1 \\ 1 & x_2 & y_2 \\ 1 & x_3 & y_3 \end{bmatrix}^{-1} \begin{bmatrix} z_1 \\ z_2 \\ z_3 \end{bmatrix} \tag{5.10}$$

在求出参数 a_0、a_1、a_2 后，根据检查点的平面坐标（X_i，Y_i）即可求出海图水深模型在检查点位置处的内插水深值，即

$$Z'_i = a_0 + a_1 X_i + a_2 Y_i \tag{5.11}$$

得到海图水深模型在各检查点位置的内插水深值后，可计算其与每一检查点航渡式水深测量值的差值，如图 5.9 所示。均匀选取数量为 n 的检查点，计算海图水深模型的中误差，并将其作为地形表达准确性的评估指标。具体公式为

$$\sigma = \sqrt{\frac{1}{n}\sum_{i=1}^{n}(Z_i - Z'_i)^2} \tag{5.12}$$

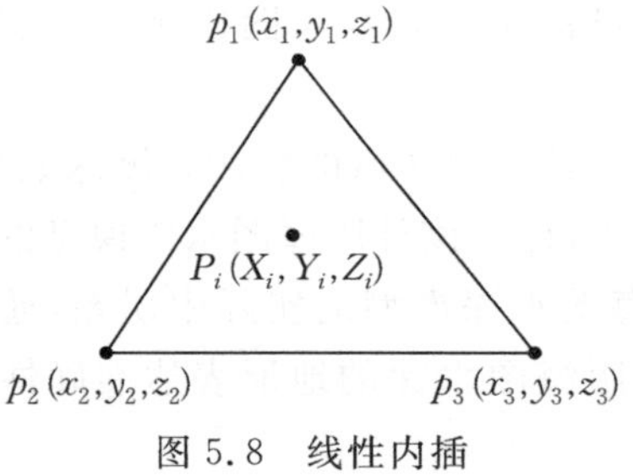

图 5.8　线性内插

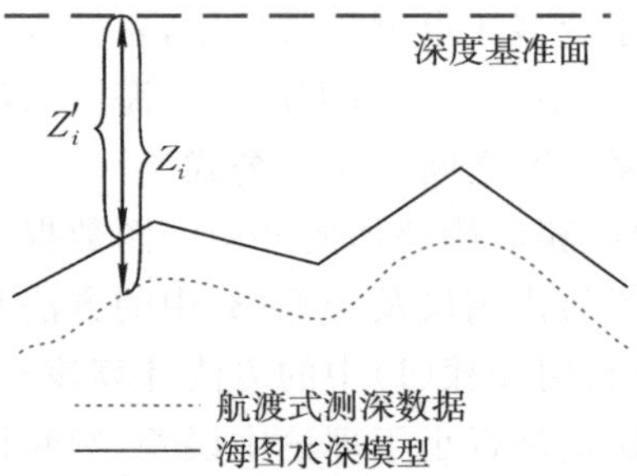

图 5.9　水深误差

3. 航渡式测深数据复杂度指标的构建

选取图 5.10 所示的两处试验海区，从这两处试验海区的全覆盖、高精度的原始多波束测深数据中各抽取位于单条航线上的水深，分别模拟经过这两处试验海区的航渡式测深数据。以航渡式测深数据中每个水深点平面坐标到第 1 个水深点平面坐标的连线距离值为 x 轴刻度值，以每个水深点水深值的大小为 y 轴刻度值，分别绘制这两条航渡式测深数据的形状，如图 5.11 所示。

由图 5.10 和图 5.11 可见，若将航渡式测深数据的形状看作一条曲线，则曲线的弯曲程度可以反映航线所经海区海底地形的复杂度。本书使用平均曲率量化航渡式测深数据形状的弯曲程度，将其作为海底地形复杂度指标。

（a）试验海区a　　（b）试验海区b

图 5.10　试验海区示意

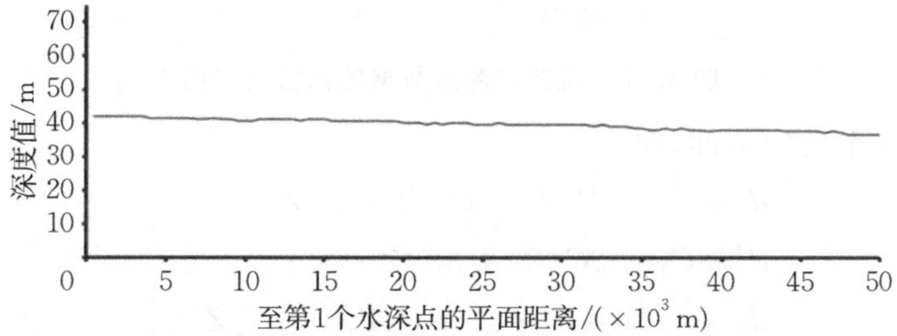

（a）经过试验海区a的航渡式测深数据

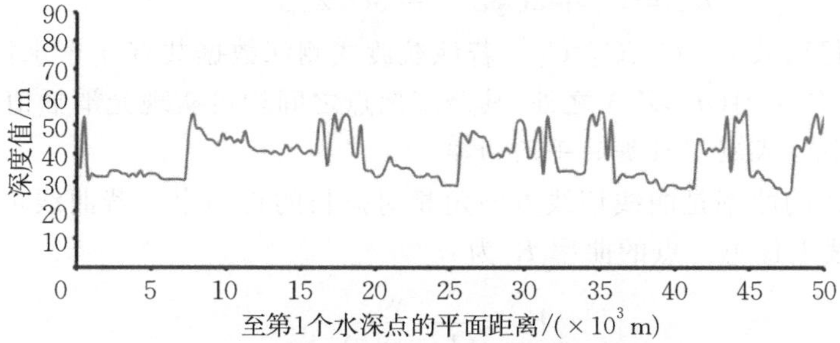

（b）经过试验海区b的航渡式测深数据

图 5.11　绘制航渡式测深数据的形状

1)航渡式测深数据的插值与光滑

航渡式测深数据是一系列离散的水深点，若要将其形状视作曲线并计算平均曲率，首先要进行数据的插值与光滑。对于某航渡式测深数据中的水深点$P_i(X_i, Y_i, Z_i)$，计算P_i平面位置到第 1 个水深点P_1平面位置的距离d_i，并与当前水深点的水深值组成三维坐标，由此将水深点转换为二维坐标(d_i, Z_i)。相邻两点(d_i, Z_i)、(d_{i+1}, Z_{i+1})之间的曲线可以用一个三次多项式表示，即

$$d = C_0 + C_1 Z + C_2 Z^2 + C_3 Z^3 \tag{5.13}$$

求解式(5.13)中的系数C_0、C_1、C_2、C_3需要 4 个已知条件，除了已知(d_i, Z_i)和(d_{i+1}, Z_{i+1})外，仍需要两个条件。由于要保证曲线的光滑性，故(d_{i-1}, Z_{i-1})到(d_i, Z_i)和(d_i, Z_i)到(d_{i+1}, Z_{i+1})这两个区间上的曲线在(d_i, Z_i)处需要具有相等的一阶导数。设(d_i, Z_i)上的导数为d'_i，如图 5.12 所示，令

$$d'_i = \frac{Z_{i+1} - Z_{i-1}}{d_{i+1} - d_{i-1}} = \tan\theta \tag{5.14}$$

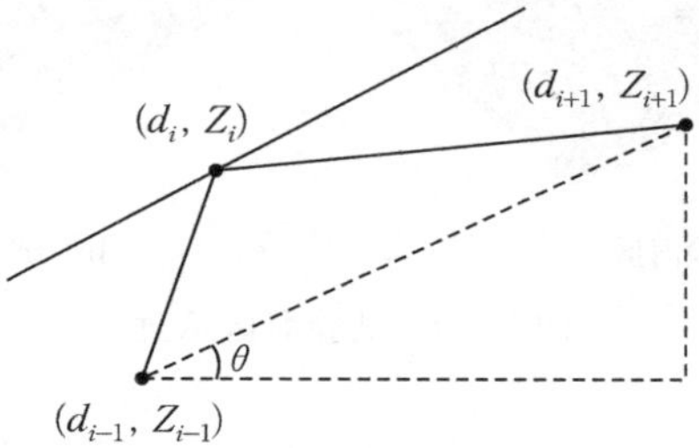

图 5.12　航渡式测深数据的插值与光滑

由此可得到 4 个已知条件，即

$$\left.\begin{aligned} d_i &= C_0 + C_1 Z_i + C_2 Z_i^2 + C_3 Z_i^3 \\ d'_i &= C_1 + 2C_2 Z_i + 3C_3 Z_i^2 \\ d_{i+1} &= C_0 + C_1 Z_{i+1} + C_2 Z_{i+1}^2 + C_3 Z_{i+1}^3 \\ d'_{i+1} &= C_1 + 2C_2 Z_{i+1} + 3C_3 Z_{i+1}^2 \end{aligned}\right\} \tag{5.15}$$

由此即可解得系数 C_0、C_1、C_2、C_3。若该航渡式测深数据共有 n 个水深点，根据此方法，除 (d_1, Z_1) 到 (d_2, Z_2) 之外，其余离散点之间均可实现光滑插值。

2)计算航渡式测深数据的平均曲率

线状物体的曲率是曲线切线方向角相对弧长的转动率。若曲线可表示为 $y = f(x)$，则曲线上任意一点的曲率 K 为

$$K = \frac{y''}{(1 + y'^2)^{3/2}} \tag{5.16}$$

曲率反映的是曲线的局部弯曲特征，为了反映曲线整体的弯曲特征，应该计算曲线的平均曲率。根据对弧长的曲线积分的定义，光滑曲线 L 的平均曲率为

$$\overline{K} = \frac{\int_L K\,\mathrm{d}s}{\int_L \mathrm{d}s} \tag{5.17}$$

在对离散的水深点进行光滑插值后，(d_2, Z_2) 到 (d_n, Z_n) 之间的任意一点的二阶导数都是存在的，通过计算 (d_2, Z_2) 到 (d_3, Z_3)，(d_3, Z_3) 到 (d_4, Z_4)，…，(d_{n-1}, Z_{n-1}) 到 (d_n, Z_n) 中各分线段中点的曲率，得到 $K_2, K_3, \cdots, K_n$，则平均曲率为

$$\overline{K} = \frac{1}{n-1}\sum_{i=2}^{n} K_i \tag{5.18}$$

由此，在对航渡式测深数据进行光滑插值后，通过计算其平均曲率来衡量测深数据形状的弯曲度，并作为其航线所经海区海底地形复杂度的量化结果。

4. 海图水深模型中误差合格标准的计算

分别选以图 5.10 试验海区为制图区域，比例尺依次为 1∶10 000、1∶50 000、1∶100 000、1∶150 000、1∶250 000 的高质量海图，计算由这些海图水深数据构建的海图水深模型的中误差，结果如表 5.4 所示。

表 5.4　海区 a 与海区 b 各比例尺海图水深模型的中误差

海图比例尺	中误差/m	
	海区 a	海区 b
1∶10 000	0.492 4	3.150 1
1∶50 000	0.663 7	3.698 9
1∶100 000	1.014 8	6.644 5
1∶150 000	1.268 9	10.676 9
1∶250 000	1.878 7	16.431 1

以海图的比例尺分母为 x 轴，以海图水深模型的中误差为 y 轴，则海区 a 与海区 b 各比例尺海图水深模型的中误差与海图比例尺分母的关系如图 5.13 所示。

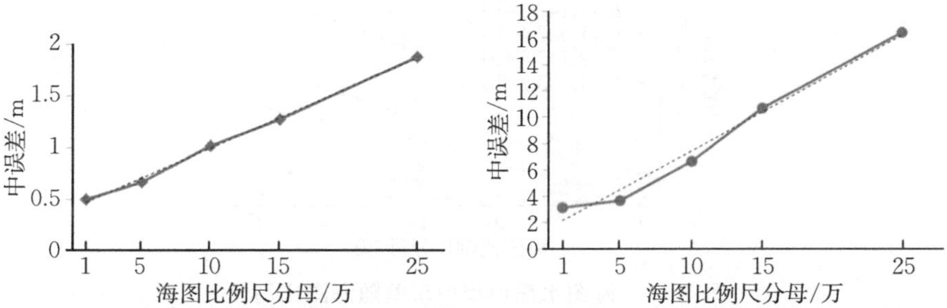

（a）以海区a为制图区域的各比例尺海图　（b）以海区b为制图区域的各比例尺海图

图 5.13　海图水深模型中误差与海图比例尺分母的关系

由表 5.4 和图 5.13 可以看出，随着海图比例尺的减小，以海区 a 和海区 b 为制图区域的海图水深模型中误差都在不断升高，且中误差的计算结果与海图比例尺分母呈现较好的线性关系。整理图 5.13 中的线性回归方程，可得海图水深模型中误差 σ 与海图比例尺分母 x 的关系，分别为 $\sigma=5.846\,4\times10^{-6}x+0.408\,9$ 和 $\sigma=5.856\,8\times10^{-5}x+1.560\,7$，可以看出，回归方程的常数项有较大差异。计算经过海区 a 和海区 b 的航渡式测深数据的平均曲率，分别为 $2.173\,2\times10^{-4}$ 和 $1.927\,4\times10^{-3}$，可知在平均曲率存在显著差异的情况下，海图比例尺对海图水深模型中误差的影响程度是不同的。

为进一步探究海图水深模型中误差、海底地形复杂度及海图比例尺之间的关系，共选取 6 处试验海区，从这些试验海区的全覆盖、高精度的原始多波束测深数据中，各抽取位于单条航线上的水深，用来模拟经过这些试验海区的航渡式测深数据，并计算这些航渡式测深数据的平均曲率。然后选取以这些海区为制图区域、经过“三级验收”并符合《中国航海图编绘规范》要求的不同比例尺海图中的水深数据，计算海图水深模型的中误差，如表 5.5 所示。

表 5.5 不同平均曲率海区各比例尺海图水深模型的中误差 单位：m

海图比例尺	海图水深模型的中误差					
	$\bar{K}=0.2173\times10^{-3}$	$\bar{K}=0.5149\times10^{-3}$	$\bar{K}=1.1473\times10^{-3}$	$\bar{K}=1.9274\times10^{-3}$	$\bar{K}=2.7478\times10^{-3}$	$\bar{K}=4.5932\times10^{-3}$
1∶10 000	0.492 4	1.531 2	2.675 3	3.150 1	3.259 7	4.985 0
1∶50 000	0.663 7	1.803 4	3.128 7	3.698 9	6.339 0	9.574 2
1∶100 000	1.014 8	2.948 2	4.949 8	6.644 5	11.820 6	14.522 7
1∶150 000	1.268 9	3.799 0	6.818 8	10.676 9	14.273 7	25.285 9
1∶250 000	1.878 7	5.872 3	12.592 2	16.431 1	22.595 8	35.391 4

注：$\bar{K}$ 表示平均曲率。

图 5.14 显示了在不同平均曲率的海区内，海图水深模型的中误差随海图比例尺分母的增大而增大，并且呈现了较好的线性关系。

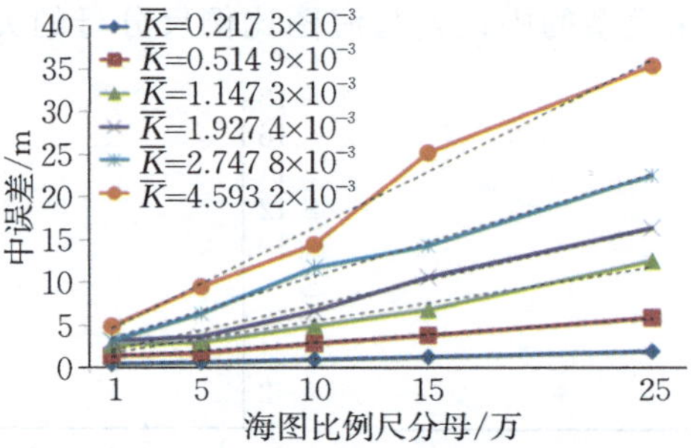

图 5.14 海图水深模型中误差随海图比例尺分母及平均曲率的变化关系

整理图 5.14 中的线性回归方程，得

$$\sigma=\begin{cases}5.8464\times10^{-6}x+0.4089,\ \bar{K}=0.2173\times10^{-3}\\1.8675\times10^{-5}x+1.0992,\ \bar{K}=0.5149\times10^{-3}\\4.2161\times10^{-5}x+1.3109,\ \bar{K}=1.1473\times10^{-3}\\5.8568\times10^{-5}x+1.5607,\ \bar{K}=1.9274\times10^{-3}\\8.0082\times10^{-5}x+2.6886,\ \bar{K}=2.7478\times10^{-3}\\1.3098\times10^{-4}x+3.2823,\ \bar{K}=4.5932\times10^{-3}\end{cases}\tag{5.19}$$

式中，x 为海图比例尺分母，σ 为海图水深模型的中误差。

将以上方程视作 $y=ax+b$ 的形式，通过图 5.15 和图 5.16 可以发现，参数 a 和 b 与航渡式测深数据的平均曲率 $\bar{K}$ 均具有较好的线性相关性。

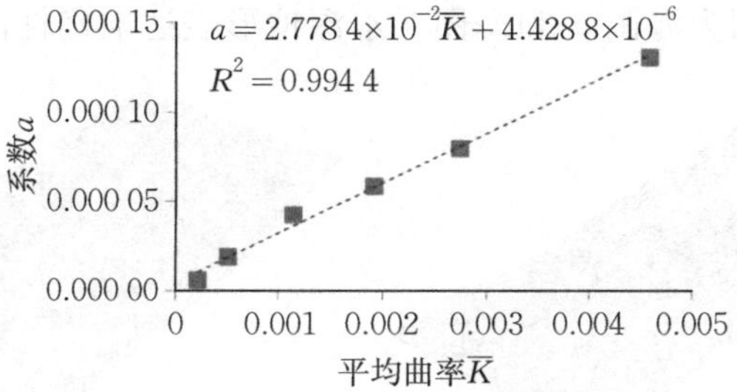

图 5.15　系数 a 与平均曲率的关系

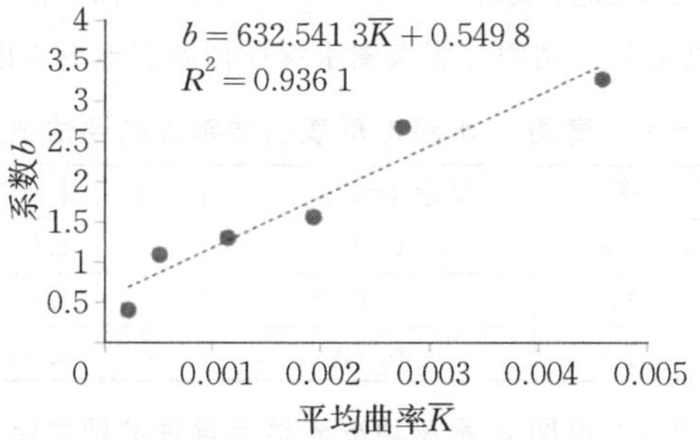

图 5.16　系数 b 与平均曲率的关系

由此得到系数 a 和系数 b 关于平均曲率的回归方程，即

$$\left.\begin{aligned} a &= 2.7784\times10^{-2}\overline{K} + 4.4288\times10^{-6} \\ b &= 632.5413\overline{K} + 0.5498 \end{aligned}\right\} \tag{5.20}$$

综合式(5.19)和式(5.20)，可得

$$\sigma = (2.7784\times10^{-2}\overline{K} + 4.4288\times10^{-6})x + 632.5413\overline{K} + 0.5498 \tag{5.21}$$

式中，x 为海图比例尺分母，$\overline{K}$ 为经过该海图制图区域的航渡式测深数据的平均曲率。在评估外版海图水深地形表达准确性时，可根据该海图的比例尺及经过该海图制图区域的航渡式测深数据的平均曲率，计算该海图水深模型中误差的理论值，然后计算该海图水深模型中误差的实际值。如果实际的中误差小于理论的中误差，则认为其地形表达准确性符合要求。

5.试验与分析

本次试验选择 a 和 b 两幅外版海图的水深作为待评估数据。海图 a 的比例尺为 1∶120 000，海图 b 的比例尺为 1∶150 000。利用海图 a 和海图 b 的水深数据模拟海底地形表面，如图 5.17 所示。

在海图 a 和海图 b 的制图区域内各选取 3 条航线的航渡式测深数据，在对其进行误差削弱、跳点剔除、水位改正及深度基准统一等前期处理后，利用本书所提方法计算航渡式测深数据的平均曲率，根据海图 a 和海图 b 的比例尺和式(5.21) 计算这两幅海图的数字水深模型中误差的理论值，并计算其中误差的实际值。

表 5.6 和表 5.7 分别为海图 a 和海图 b 水深地形表达准确性的评估结果。

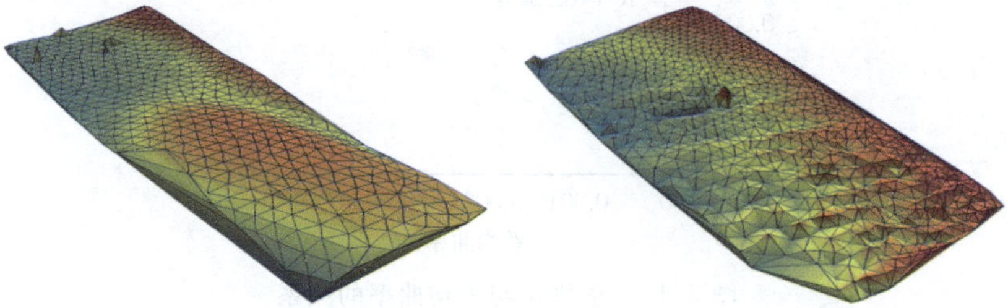

(a) 海图a的海底地形表面　　(b) 海图b的海底地形表面

图 5.17 利用外版海图水深模拟海底地形表面

表 5.6 海图 a 水深地形表达准确性的评估结果

数据编号	平均曲率	理论中误差/m	实际中误差/m	是否合格
1	1.3937×10^{-3}	6.61	4.05	是
2	1.2174×10^{-3}	5.91	4.63	是
3	1.4283×10^{-3}	6.75	4.91	是

表 5.7 海图 b 水深地形表达准确性的评估结果

数据编号	平均曲率	理论中误差/m	实际中误差/m	是否合格
1	2.9743×10^{-3}	15.49	9.45	是
2	2.5684×10^{-3}	13.54	9.89	是
3	1.1874×10^{-3}	6.91	4.03	是

由表 5.6 和表 5.7 可以看出，海图 a 和海图 b 的数字水深模型的实际中误差均小于由航渡式测深数据的平均曲率和海图比例尺计算出的理论中误差，故可认为其地形表达准确性是合格的。值得注意的是，由表 5.7 可以看出，海图 b 范围内编号为 1、2 的航渡式测深数据和编号为 3 的数据的平均曲率均有较大差异，由此得到的海图 b 数字水深模型中误差理论值和实际值也有较大不同。这说明当海图制图区域海底地形复杂度存在差异时，同一幅海图内不同区域水深的地形表达准确性可能也会有差别。航渡式测深数据受限于其航线轨迹，无法获取某区域内全覆盖的水深信息，因此，当外版海图不同区域水深的地形平均曲率存在较大差异时，由单一的航渡式测深数据得到的评估结果存在一定的局限性。

本节选取了我国现有不同比例尺、不同制图区域、经过“三级验收”并符合《中国航海图编绘规范》要求的公开出版海图，首先从这些海图制图区域的全覆盖、高精度的原始多波束测深数据中，各抽取位于单条航线上的水深，用来模拟航渡式测深数据；然后设计了航渡式测深数据的平均曲率指标，将其作为航线所经海区海底地形复杂度的量化结果；最后运用统计方法得到了海图水深模型中误差与海图比例尺及海底地形平均曲率之间的关系公式。在获取某待评估的外版海图及经过其制图区域的航渡式测深数据后，可根据海图的比例尺及航渡式测深数据的平均曲率，计算该外版海图的数字水深模型中误差的理论值，通过与基于航渡式测深数据计算得到的中误差实际值进行比较，判断外版海图水深的地形表达准确性是否合格，为科学利用航渡式测深数据评估外版海图水深的质量提供了参考。

当然，本书所提方法只考虑了海底地形复杂度和海图比例尺对海图水深模型中误差的影响，对其他影响因素还需要进行更深入的分析研究。此外，本节在分析海图比例尺、海底地形平均曲率与海图水深模型中误差之间的关系时，只选取了6处不同海区的各比例尺海图水深数据进行试验和统计分析，对于更多海区、更多海图数据的比对试验，以及对海图比例尺、海底地形平均曲率与海图水深模型中误差关系式的进一步改进，还有待下一步工作去完成。

§5.2 面向舰船航海的海底地形数据质量评估

一般，地理信息系统空间数据质量是指地理信息系统空间数据适用于不同应用的性能情况，主要包括位置精度、属性精度、逻辑一致性、完备性和现势性等。同时，衡量数据质量的标准会随着具体应用的特点和要求而变化，这是由地理信息所表达的现实世界的无限复杂性和模糊性及人类认识和表达能力的局限性所决定的。因此，关于海底地形地貌数据的质量评估问题，可理解为对海底地形地貌数据在各种具体实际应用中的适用性与可靠性的评估问题。

5.2.1 水深点的深度值在保证航海安全方面的质量评估

如前文所述，垂直不确定度可作为“水深值”质量评估的一项重要指标。在此基础上，考虑当前海图的两个主要用途为：航海图服务于舰船航海保障；海底地形图准确表达海底地形，为海洋工程建设和海洋科学研究提供服务等。为此，将研究上述两种实际应用下的质量评估问题。

1.面向航海的数字水深模型质量评估

1)航海所涉及的不同模型面的本质含义

真实海底表面是无法获得的，用某次全覆盖、高精度的原始多波束测深数据集构建的水深模型面来近似地表示真实海底表面，简称最优逼近海底表面，其剖面如图5.18(a)中的粗虚线所示。定义最优逼近海底表面上各点位的水深为最优逼近水深。根据S-44关于水深不确定度的要求，真实海底表面可能以95%的置信度位于图5.18(a)中的剖面阴影区域。理论上，由于考虑了与真实海底表面之间可能的测量误差的影响，故该阴影区域上界浅于真实海底表面的概率为1－(1－95%)/2＝97.5%，可称该表面为可能最浅面，其剖面如图5.18(a)中细虚线所示。定义可能最浅面上各点位的水深为可能最浅水深。

如图5.18(b)所示，受水深间距、海图负载量等因素的限制，通常只能从高密度的原始多波束测深数据集中选取一定数量的水深点作为模型点，并以此构建能实际表达的水深模型表面。通常意义上说的水深模型是指未顾及测深误差的水深模型。当水深模型应用于舰船航海时，还要考虑水深测量误差的存在，因此，会在未顾及测深误差的水深模型的基础上，增加一定的富余量，即富余水深中测深误差(或不确定度)的部分。这种考虑了测深误差的水深模型，可称为顾及测深误差的水深模型，如图 5.18(b)所示。

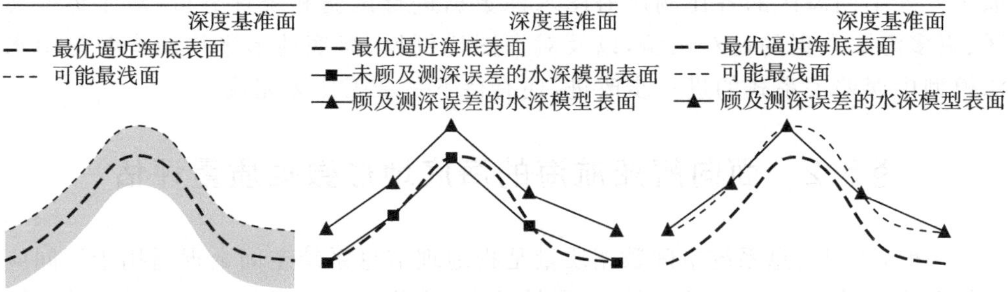

(a) 可能最浅面 (b) 顾及测深误差的水深模型表面 (c) 两面比较

图 5.18 航海所涉及的不同水深模型面

需要说明的是，对于富余水深中测深误差(或不确定度)数值的确定，目前在航海中一种较为普遍的做法是按照表 5.8，根据水深点的深度等级估计每个水深点的误差大小。

表 5.8 海图测深误差

编号	水深/m	误差/m
1	0～20	0.3
2	20～100	1.0
3	＞100	水深的 10％

2)航海用数字水深模型质量评估框架

航海用数字水深模型质量的评估主要考虑以下两个方面：

第一，满足航海安全要求。当数字水深模型服务于舰船航行时，保证安全是首要前提。也就是说，要确保顾及测深误差的水深模型表面浅于(或等于)可能最浅面，避免模型水深大于可能最浅水深，如图 5.18(c)所示，从而保证顾及测深误差的水深模型浅于(或等于)真实海底表面。考虑与深度基准面中保证率的一致性，从航海安全要求出发，提出深度保证率及其合格率、偏深量指标及评估方法。

第二，提高航行资源表达程度。在考虑舰船航行安全的同时，数字水深模型还要尽可能地将建模区域内可利用的航行资源表达出来。也就是顾及测深误差的水深模型表面应尽可能地贴近最优逼近海底表面，从而使其更接近真实海底表面。然后从定量的视角出发，提出深度表达度和偏浅量指标及评估方法。

面向航海的数字水深模型质量评估基本体系如图 5.19 所示。

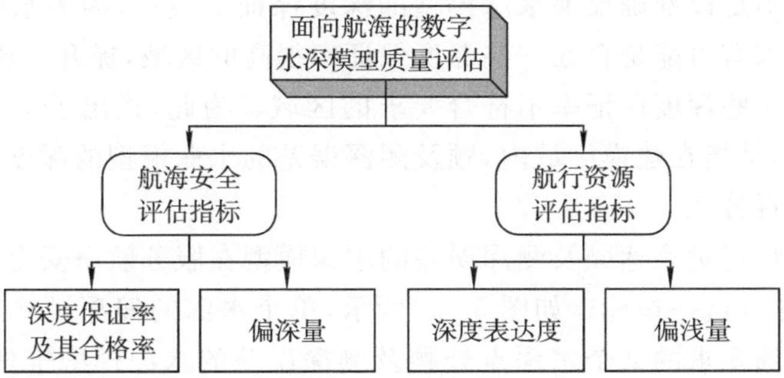

图 5.19　面向航海的数字水深模型质量评估基本体系

3)质量评估的具体指标

第一,航海安全评估指标。

水深表达要保证舰船航行的安全,在很多文献中都进行了强调,但对于用什么样的指标来表示,目前仍没有明确的概念和具体的选择方法。本书借鉴深度基准面的保证率概念,采用水深的深度保证率进行评估。如图 5.20 所示(考虑舰船航海实际使用的是顾及测深误差的水深模型,以下将以顾及测深误差的水深模型为例),单个水深的深度保证率是该点的模型推估水深 z' 浅于(或等于)真实水深的概率。此处的真实水深是指消除了潮汐等动态海洋因素影响后从理论深度基准面起算的稳态水深。

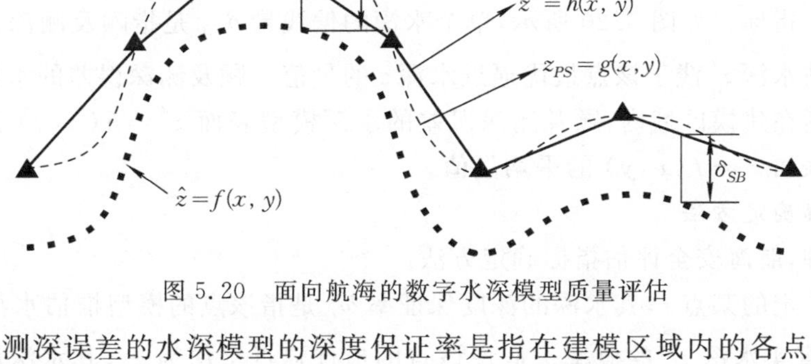

图 5.20　面向航海的数字水深模型质量评估

顾及测深误差的水深模型的深度保证率是指在建模区域内的各点上,模型推估水深浅于(或等于)真实水深的平均概率,即水深模型在建模区域内各点的深度保证率的平均值。一些文献也提到了水深模型的深度保证率这一概念，但这种整体的平均值还不足以准确反映水深模型的深度保证率质量，因为水深模型的深度保证率符合要求有可能是存在一些深度保证率很高的区域，提升了整体平均值，从而掩盖了另外一些深度保证率不符合要求的区域。为此，提出了深度保证率的合格率这一指标，是指在建模区域内，顾及测深误差的水深模型的深度保证率达到航海安全要求的百分比。

为了进一步定量表达顾及测深误差的水深模型在服务航海安全时存在隐患的程度，采用偏深量这一指标。如图 5.20 所示，单个水深的偏深量 δ_{DB} 是指在深度保证率不能达到要求的某个水深点处顾及测深误差的水深模型推估水深 z' 深于该点的可能最浅水深 z_{PS} 的数值。顾及测深误差的水深模型的偏深量是指在顾及测深误差的水深模型中深度保证率不能达到要求的区域内，顾及测深误差的水深模型表面 $z'=h(x,y)$ 深于可能最浅面 $z_{PS}=g(x,y)$ 的平均量值。

第二，航行资源评估指标。

顾及测深误差的水深模型在考虑航行安全要求的前提下，还要尽可能贴近最优逼近海底表面，以减少对建模区域内航行资源表达的损失。目前，对于指定航道的通航能力来讲，已提出“门槛”水深、航道长度、宽度等概念，但这些仍不是完全针对航行资源表达的。为此，本书提出深度表达度这一概念，反映顾及测深误差的水深模型对航行资源表达的程度。

如图 5.20 所示，单个水深的深度表达度是指模型推估水深 z' 与最优逼近水深 $\hat{z}$ 的比值(百分比)。顾及测深误差的水深模型的深度表达度是指顾及测深误差的水深模型表达的航行资源与实际可利用航行资源的比值(百分比)。其中，顾及测深误差的水深模型的航行资源是指位于顾及测深误差的水深模型表面以上、深度基准面以下的海水体积；实际可利用航行资源是指建模区域内深度基准面以下、最优逼近海底表面以上的实际海水体积。

为了进一步定量表达顾及测深误差的水深模型对航行资源的损失程度，采用偏浅量这一指标。如图 5.20 所示，单个水深的偏浅量 δ_{SB} 是指顾及测深误差的水深模型推估水深 z' 浅于该点最优逼近水深 $\hat{z}$ 的量值。顾及测深误差的水深模型的偏浅量是指在建模区域内，顾及测深误差的水深模型表面 $z'=h(x,y)$ 浅于最优逼近海底表面 $\hat{z}=f(x,y)$ 的平均量值。

4)指标确定方法

第一种，航海安全评估指标确定方法。

对于给定的某点 i，其水深的深度保证率 ω_i 是指该点的模型推估水深 z'_i 浅于(或等于)真实水深 $\tilde{z}_i$ 的概率。假设该点的最优逼近水深为 $\hat{z}_i$，其水深测量误差 $\Delta_i \sim N(0, u_{\mathrm{Dep}_i})$。其中，$u_{\mathrm{Dep}_i}$ 为该点水深的垂直标准不确定度。因此，$\Delta_i = \hat{z}_i -$

$\tilde{z}_i$。最优逼近水深与模型推估水深的差值为 $v_i=\hat{z}_i-z'_i$。根据统计学的知识，此处真实水深深于(或等于)模型推估水深的概率为该点水深的深度保证率，即

$$\begin{aligned}\omega_i&=P_i(\tilde{z}_i\geqslant z'_i)=P_i(\tilde{z}_i\geqslant\hat{z}_i-v_i)=P_i(\Delta_i\leqslant v_i)\\&=\int_{-\infty}^{v_i}\frac{1}{u_{\mathrm{Dep}_i}\sqrt{2\pi}}\exp\left(\frac{-z^2}{2u_{\mathrm{Dep}_i}^2}\right)\mathrm{d}z\times100\%\end{aligned}\tag{5.22}$$

顾及测深误差的水深模型的整体深度保证率 Ω 是指在建模区域 D 内的各点上，模型推估水深浅于(或等于)真实水深的平均概率，即

$$\Omega=\lim_{n\to\infty}\frac{1}{n}\sum_{i=1}^{n}\omega_i\times100\%\tag{5.23}$$

均匀选取数量为 n 的检查点，式(5.23)可近似地简化为

$$\Omega=\frac{1}{n}\sum_{i=1}^{n}\omega_i\times100\%\tag{5.24}$$

理论上，可能最浅面通常可以满足舰船的航海安全需求。点 i 的可能最浅水深 z_{PS_i} 是该点水深的可能最浅值，即 $z_{PS_i}=\hat{z}_i-u_{\mathrm{V}_i}$($\hat{z}_i$ 为该点最优逼近水深，u_{V_i} 为该点的垂直不确定度，置信度为95%)。若顾及测深误差的水深模型在点 i 处的推估水深 $z'_i\leqslant z_{PS_i}$，则认为顾及测深误差的水深模型在该点处能满足舰船的航海安全需求，反之则不能。根据上文可知，可能最浅面的深度保证率为97.5%，故顾及测深误差的水深模型的深度保证率数值应达到97.5%。

考虑航海安全的特殊性，航海安全保证的要求是必须确保模型表面在任意位置处的水深值都要浅于可能最浅水深，若存在某一位置上的模型推估水深深于可能最浅水深，那么该模型在此处就会给舰船的海上航行留下安全隐患，故确定数字水深模型深度保证率的合格率应达到100%。

顾及测深误差的水深模型深度保证率的合格率为

$$\Phi=\lim_{n\to\infty}\frac{1}{n}\sum_{i=1}^{n}\varphi_i\times100\%\tag{5.25}$$

式中，当 $\varphi_i=1$ 时，$\omega_i\geqslant97.5\%$；当 $\varphi_i=0$ 时，$\omega_i<97.5\%$。

均匀选取数量为 n 的检查点，式(5.25)可近似地简化为

$$\Phi=\frac{1}{n}\sum_{i=1}^{n}\varphi_i\times100\%\tag{5.26}$$

单个水深的偏深量 δ_{DB_i} 为

$$\delta_{DB_i}=z'_i-z_{PS_i}\quad(\omega_i<97.5\%)\tag{5.27}$$

式中，z'_i 表示点 i 的模型推估水深，z_{PS_i} 表示该点的可能最浅水深。

因此，对于深度保证率不能达到要求的区域 D_1 内，顾及测深误差的水深模型的偏深量 δ_{DB} 可表示为

$$\delta_{DB}=\lim_{n_1\to\infty}\frac{1}{n_1}\sum_{i=1}^{n_1}\delta_{DB_i}\quad(i\in D_1)\tag{5.28}$$

均匀选取数量为 n_1 的检查点,式(5.28)可近似地简化为

$$\delta_{DB}=\frac{1}{n_1}\sum_{i=1}^{n_1}\delta_{DB_i} \tag{5.29}$$

第二种,航行资源评估指标确定方法。

根据航行资源指标的定义,对于给定的某点 i,其水深的深度表达度 β_i 可表示为

$$\beta_i=\frac{z'_i}{\hat{z}_i}\times 100\% \tag{5.30}$$

顾及测深误差的水深模型可表示为 $z'=h(x,y)$,最优逼近海底表面可表示为 $\hat{z}=f(x,y)$,在水深建模区域 D 内,顾及测深误差的水深模型的航行空间 V' 和实际可利用航行空间 $\hat{V}$ 可分别表示为

$$V'=\iint_D h(x,y)\mathrm{d}x\mathrm{d}y \tag{5.31}$$

$$\hat{V}=\iint_D f(x,y)\mathrm{d}x\mathrm{d}y \tag{5.32}$$

因此,顾及测深误差的水深模型的深度表达度 η 可表示为

$$\eta=\frac{V'}{\hat{V}}\times 100\%=\frac{\iint_D h(x,y)\mathrm{d}x\mathrm{d}y}{\iint_D f(x,y)\mathrm{d}x\mathrm{d}y}\times 100\%=\frac{\lim\limits_{n\to\infty}\sum\limits_{i=1}^{n}h(x_i,y_i)\delta s_i}{\lim\limits_{n\to\infty}\sum\limits_{i=1}^{n}f(x_i,y_i)\delta s_i}\times 100\% \tag{5.33}$$

式中,δs_i 表示第 i 个微小区域的面积。不妨令 $\delta s_1=\cdots=\delta s_n$,则

$$\eta=\frac{\lim\limits_{n\to\infty}\sum\limits_{i=1}^{n}h(x_i,y_i)}{\lim\limits_{n\to\infty}\sum\limits_{i=1}^{n}f(x_i,y_i)}\times 100\% \tag{5.34}$$

均匀选取数量为 n 的检查点,式(5.34)可近似地简化为

$$\eta=\frac{\sum\limits_{i=1}^{n}h(x_i,y_i)}{\sum\limits_{i=1}^{n}f(x_i,y_i)}\times 100\% \tag{5.35}$$

单个水深的偏浅量 δ_{SB_i} 为

$$\delta_{SB_i}=\hat{z}_i-z'_i \tag{5.36}$$

式中,$\hat{z}_i$ 表示点 i 的最优逼近水深,z'_i 表示点 i 的模型推估水深。

因此,顾及测深误差的水深模型的偏浅量 δ_{SB} 可表示为

$$\delta_{SB} = \lim_{n_2 \to \infty} \frac{1}{n} \sum_{i=1}^{n} \delta_{SB_i} \tag{5.37}$$

均匀选取数量为 n_2 的检查点，式(5.37)可近似地简化为

$$\delta_{SB} = \frac{1}{n} \sum_{i=1}^{n} \delta_{SB_i} \tag{5.38}$$

2. 试验与分析

1)航海安全保证质量评估

针对图5.21所示的某试验海区，选取不同比例尺的水深数据，采用常用的三角网结构，构建相应的数字水深模型。按照表5.8所示的海图测深误差确定航行所需富余水深的相应数值，建立顾及测深误差(不确定度)的数字水深模型。精度评估方法是计算数字水深模型的不确定度，新提的质量评估方法是计算所构数字水深模型的深度保证率及其合格率、偏深量。具体的评估结果如表5.9所示。

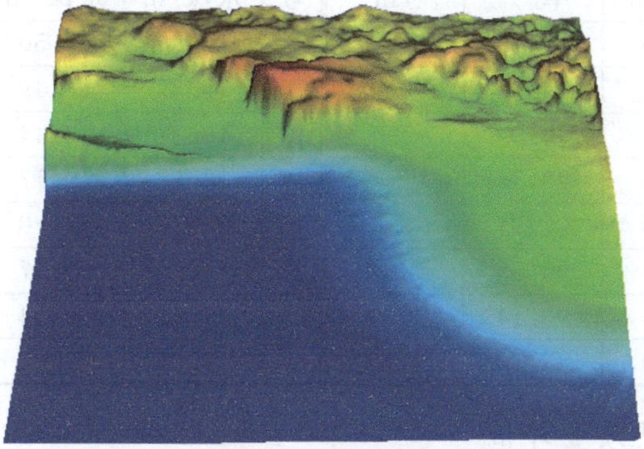

图5.21 试验海区

表5.9 数字水深模型航海安全保证质量评估的方法比对

海图比例尺	传统方法	精度评估方法/m	本书所提方法		
			深度保证率/%	深度保证率的合格率/%	偏深量/m
1∶2 000	只能通过"取浅舍深"原则和在确定富余水深时考虑测深误差的影响来定性保证航海安全，不能定量评估	1.69	97.07	79.03	0.13
1∶10 000		2.42	93.07	72.64	0.37
1∶50 000		6.05	71.48	39.30	1.28

由表5.9可以看出，传统方法只能在水深数据处理过程中采用"取浅舍深"原则，通过增加富余水深的方式，试图保证舰船的航海安全，不能对数字水深模型的航海安全保证质量进行定量评估。精度评估方法能定量给出表达海底地形地貌的评估指标，但精度高未必就能满足航海的安全要求，这一点从新提的深度保证率的

合格率指标可以明显地看出来。本书所提方法可通过计算数字水深模型的深度保证率、深度保证率的合格率及偏深量，明确、定量评估出数字水深模型在航海安全保证上的质量。

不失一般性，在比例尺 1∶10 000 的图中随机选取一定数量的水深，进一步评估单个水深的质量，结果如表 5.10 所示。由于传统方法和精度评估方法无法对水深的航海安全保证质量进行具体、明确的评估，表 5.10 只给出了本书所提方法对单个水深(部分点位)航海安全评估指标的结果。

由表 5.10 可以看出，与传统方法和精度评估方法无法对单个水深的航海安全保证质量进行精细评估相比，本书所提方法可以定量计算任意单个水深的深度保证率和偏深量，实现对单个水深的航海安全保证质量的精细评估。

表 5.10 单个水深的航海安全评估指标的结果

编号	可能最浅水深/m	模型推估水深/m	深度保证率/%	偏深量/m	编号	可能最浅水深/m	模型推估水深/m	深度保证率/%	偏深量/m
1	8.02	5.00	99.99	—	9	17.34	17.50	91.68	0.16
2	10.58	6.47	99.99	—	10	18.27	18.49	88.08	0.22
3	9.49	6.99	99.99	—	11	19.27	19.44	91.38	0.17
4	8.88	8.25	99.99	—	12	19.68	19.17	99.99	—
5	9.70	9.68	97.91	—	13	20.37	19.70	99.99	—
6	11.91	11.94	96.55	0.04	14	20.69	20.17	99.99	—
7	14.17	14.35	90.14	0.18	15	21.08	20.54	99.99	—
8	15.89	16.10	88.70	0.21	16	21.56	21.06	99.99	—

2)航行资源表达质量评估

进一步比较传统方法、精度评估方法与本书所提方法在数字水深模型表达航行资源质量评估上的差异。本书所提方法是计算数字水深模型的深度表达度和偏浅量。具体的试验结果如表 5.11、表 5.12 所示。

由表 5.11 可以看出，传统方法只能通过“深浅兼顾”的经验原则简单地考虑航行资源的表达程度，不能做到定量评估。精度评估方法给出的是表达海底地形地貌精度的指标。虽然这一指标也与深度表达度变化趋势具有明显的相关性，可以从某一侧面在一定程度上反映数字水深模型对航行资源表达的质量，但仍难以准确地反映航行资源的表达情况。从海图比例尺 1∶50 000 的试验可以发现，虽然数字水深模型的精度相对较低，但其深度表达度仍是相对较高的。这是因为精度只能以绝对误差来衡量质量的高低，深度表达度则以相对偏差作为质量的评估标准，不仅考虑了水深的绝对偏差，也反映了不同水深变化对结果的影响。同时，新的指标还可通过计算数字水深模型的偏浅量，进一步量化表示数字水深模型浅于真实海底表面的绝对程度。

由表 5.12 可以看出,与传统方法和精度评估方法无法对单个水深的航行资源表达质量进行精细评估相比,本书所提方法可以通过定量计算任意单个水深的深度表达度和航行资源偏浅量,实现对单个水深在航行资源表达方面的质量精细评估。

表 5.11　数字水深模型航行资源表达质量评估的方法对比

海图比例尺	传统方法	精度评估方法/m	本书所提方法	
			深度表达度/%	偏浅量/m
1∶2 000	只能通过“深浅兼顾”的经验原则简单地考虑航行资源的表达程度,不能做到定量评估	1.69	96.62	0.40
1∶10 000		2.42	96.03	0.48
1∶50 000		6.05	93.07	0.83

表 5.12　比例尺 1∶10 000 的单个水深航行资源评估指标的结果

编号	最优逼近水深/m	模型推估水深/m	航行资源利用率/%	航行资源偏浅量/m	编号	最优逼近水深/m	模型推估水深/m	航行资源利用率/%	航行资源偏浅量/m
1	8.54	5.00	58.52	3.54	9	17.89	17.50	97.83	0.39
2	11.10	6.47	58.30	4.63	10	18.82	18.49	98.22	0.34
3	10.00	6.99	69.91	3.01	11	19.84	19.44	98.02	0.39
4	9.39	8.25	87.78	1.15	12	20.24	19.17	94.67	1.08
5	10.22	9.68	94.75	0.54	13	20.94	19.70	94.04	1.25
6	12.43	11.94	96.08	0.49	14	21.26	20.17	94.86	1.09
7	14.70	14.35	97.61	0.35	15	21.65	20.54	94.85	1.12
8	16.44	16.10	97.96	0.34	16	22.14	21.06	95.12	1.08

5.2.2　等深线属性质量评估

1. 等深线属性质量评估指标

1)航海安全性指标

当等深线服务于航海时,首要前提是保证舰船的航行安全。很多文献虽然都强调了化简后的等深线要满足舰船安全航行的要求,但并未给出化简后等深线的安全程度的明确概念及具体的描述方法,更未提出定量描述的指标。为了能够定量描述化简后等深线的安全程度,本书将构建化简后等深线的扩深长度百分比、平均扩深距离等指标来评估等深线的安全程度。

如图 5.22 所示,海区某等深线化简后,有一部分位于化简前等深线的浅水区(图 5.22 中的---),从而将原来的浅水区变为了深水区(图 5.22 中的▩),这不符合前面所述的等深线化简的航海安全性准则。将这种扩大了深水区且不符合航海安全性准则的等深线区段简称为扩深区段。将位于扩深区段的化简后等深线长度简称为扩深长度。相反,等深线化简后位于化简前等深线深水区的部分(图 5.22

中的┈┈),则为符合等深线化简安全性准则的区段。将这种未扩大深水区且符合安全性准则的化简后等深线区段简称为非扩深区段。将位于化简后等深线的非扩深区段长度简称为非扩深长度。扩深长度百分比是指化简后等深线的扩深长度占化简后等深线总长度(包括扩深长度与非扩深长度)的百分比。

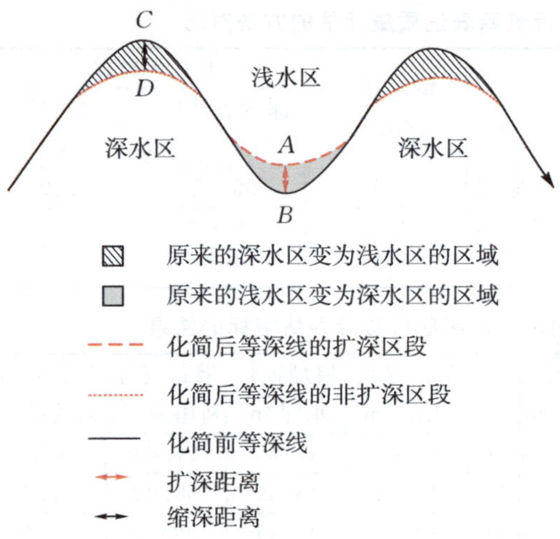

图 5.22　化简前后等深线示意

2)地形表达度指标

当然,仅靠扩深长度及其百分比来反映某条等深线化简后的航海安全性仍存在较大的局限性,这是因为化简后等深线的扩深长度及其百分比只是沿等深线方向反映了扩深部分所占的比重,并未反映等深线垂直方向的深水区扩大的程度。为了弥补扩深长度这一指标的不足,进一步定义扩深距离。扩深距离是等深线扩深区段上某点化简前后位置之间的二维距离(图 5.22 中的↔)。平均扩深距离是指化简后等深线扩深区段上的二维点的扩深距离的平均值。为了简化计算,可以将扩深面积与扩深长度的比值作为扩深的平均位移距离的取值。其中,扩深面积是由原来的浅水区变为深水区的区域(图 5.22 中的▢)的面积。

在遵循等深线化简的航海安全性准则的同时,化简后等深线还要尽可能地将航海图上可利用的航行资源(区域)表达出来,即化简后等深线所示的深水区尽可能地接近化简前等深线所示的深水区,尽可能地减小图 5.22 所示的由原来的深水区变为浅水区的区域(▧)。本书将海图上等深线所围深水区面积变化的幅度作为航行资源表达的评估指标,即缩深面积百分比。缩深面积百分比指的是化简前等深线所围的深水区面积和化简后等深线所围深水区面积(不包括由原来的浅水区变为深水区区域的面积)之差与化简前等深线所围深水区面积的百分比。

当然,仅仅依靠缩深面积百分比来反映化简后等深线的航行资源的利用程度可能还存在一定的局限性,这是因为化简后等深线的缩深面积百分比只是反映了等深线化简前后的深水区面积的整体变化程度,而未考虑化简后等深线向原深水区的移位情况。为了弥补缩深面积百分比的不足,参照前文中对扩深距离的定义,本书进一步定义缩深距离。缩深距离是等深线的缩深区段(图 5.22 中的┈┈)上某点化简前后位置之间的二维距离(图 5.22 中的↔)。平均缩深距离是指化简前后等深线的缩深区段上二维点的缩深距离的平均值。为了简化计算，可以将缩深面积与缩深区段长度的比值作为平均缩深距离的取值。其中，缩深面积值是由原来的深水区变为浅水区的区域（图5.22中的▧）的面积。

2.等深线属性质量评估方法

1）*航海安全性评估方法*

根据前面对扩深长度与非扩深长度的定义，便可得到等深线的扩深长度百分比 ω，即

$$\omega=\frac{l_s}{l}\times 100\%=\frac{\sum_{i=1}^{m}l_i}{\sum_{i=1}^{n}l_i}\times 100\% \tag{5.39}$$

式中，l_s 表示化简后等深线的扩深长度，l 表示化简后等深线的总长度，l_i 表示某个扩深区段或非扩深区段的长度，m 表示化简后等深线扩深区段的总数，n 表示化简后等深线所有区段的总数。

根据平均扩深距离的定义及其简化计算方法，得

$$\overline{d}_e=\frac{A}{l}=\frac{\sum_{i=1}^{m}A_i}{\sum_{i=1}^{m}l_i} \tag{5.40}$$

式中，$\overline{d}_e$ 表示平均扩深距离，A 表示扩深面积，l 表示扩深长度，A_i 表示化简前后等深线所围的某个扩深区域的面积，m 表示化简前后等深线所围的扩深区域的总数，l_i 表示化简后等深线某个扩深区段的长度。

2）*地形表达度评估方法*

根据缩深面积百分比的定义，可得

$$\eta=\frac{A'-A}{A'}\times 100\% \tag{5.41}$$

式中，η 表示化简后等深线的缩深面积百分比，A 表示化简后等深线所围的深水区面积，A' 表示化简前等深线所围的深水区面积。

实际中，还需注意非闭合等深线与闭合等深线所围深水区面积计算方法的差异，下面介绍其处理过程。

如图5.23(a)所示，当化简前等深线为闭合等深线且该等深线所围的区域为深水区时，该等深线对应的化简后等深线应在原等深线所围的区域内，其化简前等深线的深水区面积是化简前所围区域[图5.23(a)]的面积，其化简后等深线的深水区面积是化简后所围区域的面积；当化简前等深线为闭合等深线且该等深线所围的区域为浅水区时，该等深线对应的化简后等深线应在原等深线所

围的区域之外，其化简前的深水区面积是航海图面积减去其化简前所围区域[图 5.23(b)]的面积，其化简后的深水区面积是航海图面积减去其化简后所围区域的面积。

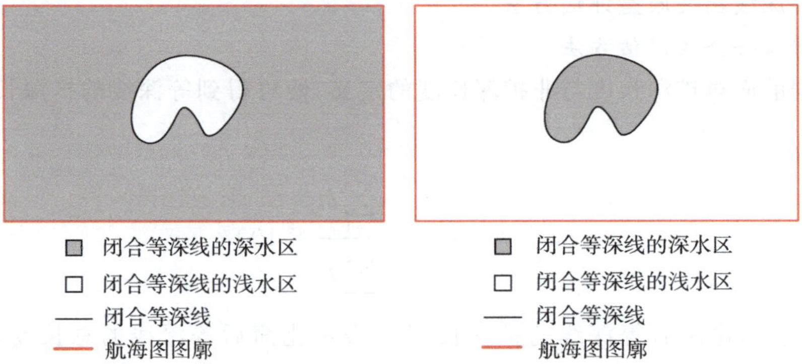

(a) 凸起地形　　(b) 凹陷地形

图 5.23　闭合等深线的深水区示意

如图 5.24 所示，对于给定的非闭合等深线，其化简前的深水区面积是其化简前将航海图所分的两区域中的水深较深区域的面积，其化简后的深水区面积是其化简后将航海图所分的两区域中的水深较深区域的面积。

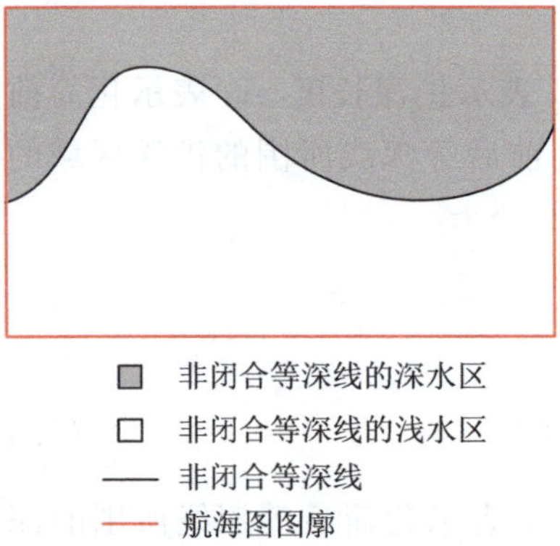

图 5.24　非闭合等深线的深水区示意

根据平均缩深距离的定义及其简化计算方法，可得

$$\bar{d}_s = \frac{B}{s} = \frac{\sum_{i=1}^{m} B_i}{\sum_{i=1}^{m} s_i} \tag{5.42}$$

式中，$\bar{d}_s$ 表示平均缩深距离，B 表示化简前后等深线之间的缩深面积，s 表示化简后等深线的缩深长度，B_i 表示化简前后等深线所围的某个缩深区域的面积，m 表示化简前后等深线所围的缩深区域的总数，s_i 表示化简后等深线某个缩深区段的长度。

3. 试验与分析

如图 5.25 所示，为了验证上述所提评估指标与方法在航海图等深线化简质量定量评估中的适用性，本节进行了 10 组试验。第 1、4、7、10 组试验采用已公开发行的数字海图。

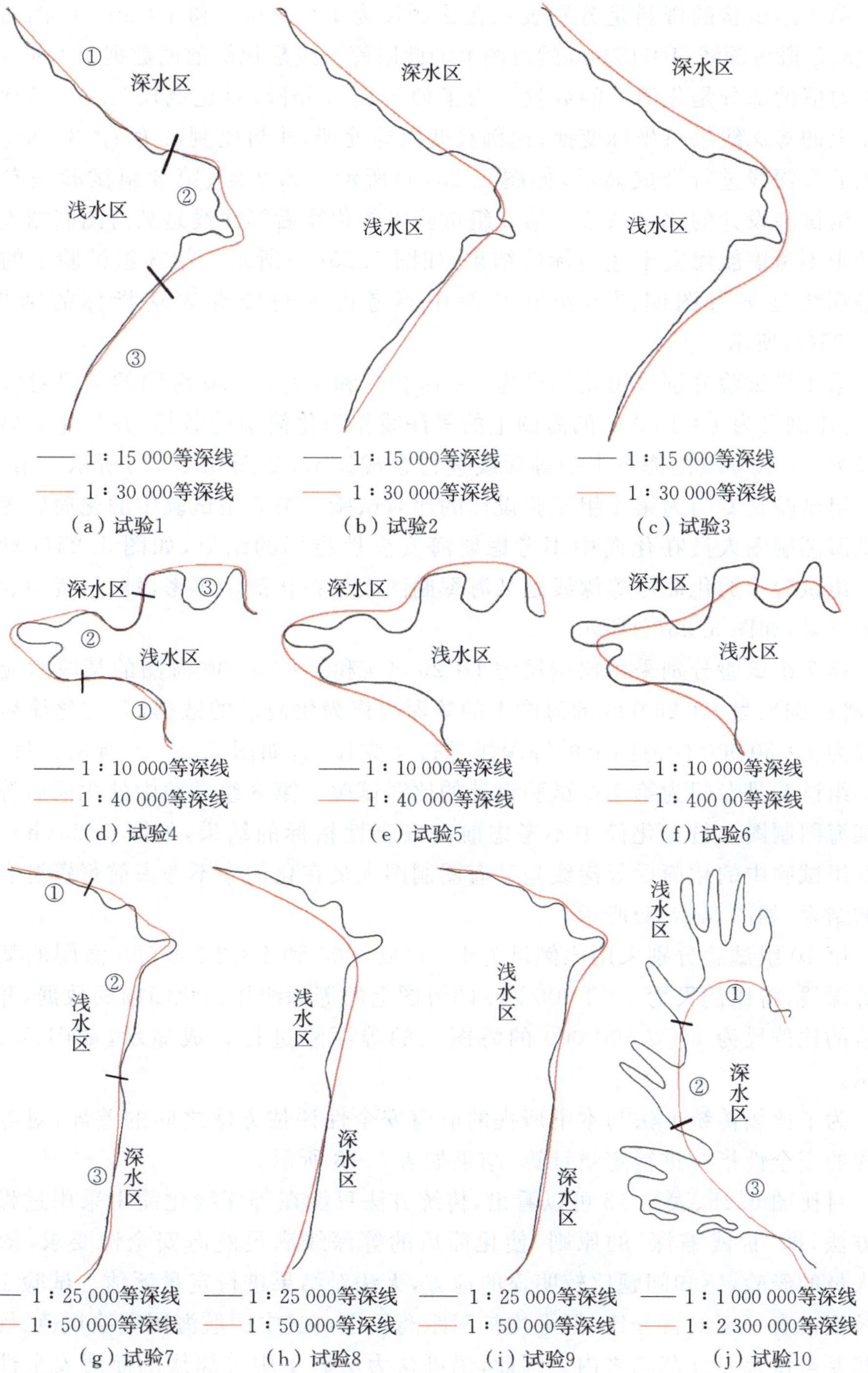
①
深水区
②
浅水区
③
1：15 000等深线
1：30 000等深线
(a) 试验1
深水区
浅水区
1：15 000等深线
1：30 000等深线
(b) 试验2
深水区
浅水区
1：15 000等深线
1：30 000等深线
(c) 试验3
深水区
③
②
浅水区
①
1：10 000等深线
1：40 000等深线
(d) 试验4
深水区
浅水区
1：10 000等深线
1：40 000等深线
(e) 试验5
深水区
浅水区
1：10 000等深线
1：400 00等深线
(f) 试验6
①
②
浅水区
③
深水区
1：25 000等深线
1：50 000等深线
(g) 试验7
浅水区
深水区
1：25 000等深线
1：50 000等深线
(h) 试验8
浅水区
深水区
1：25 000等深线
1：50 000等深线
(i) 试验9
浅水区
①
②
深水区
③
1：1 000 000等深线
1：2 300 000等深线
(j) 试验10

图 5.25　比对等深线

第 1 组试验的资料是分别表示在比例尺为 1∶15 000 和 1∶30 000 的两幅海图上的某段等深线,1∶15 000 的海图上的此段等深线是化简前的数据,1∶30 000 海图上对应的部分是化简后的数据。为了便于比对分析,对比例尺为 1∶15 000 的海图上的等深线进行坐标变换、比例尺变换等处理,并与比例尺为 1∶30 000 的海图上的等深线进行合成显示,如图 5.25(a)所示。第 2 组、第 3 组试验是专门为第 1 组试验设计的比对试验。第 2 组试验中的化简后等深线是某海图制图人员在化简中不考虑航海安全性指标的结果,如图 5.25(b)所示。第 3 组试验中的化简后等深线是某海图制图人员在化简中不考虑航行资源表达指标的结果,如图 5.25(c)所示。

第 4 组试验分别采用比例尺为 1∶10 000 和 1∶40 000 海图的某段对应等深线,将比例尺为 1∶10 000 的海图上的等深线作为化简前的数据,并与化简后的比例尺为 1∶40 000 的海图上的等深线进行合成显示,如图 5.25(d)所示。第 5 组、第 6 组试验是专门为第 4 组试验设计的比对试验。第 5 组试验中的化简后等深线是某海图制图人员在化简中不考虑航海安全性指标的结果,如图 5.25(e)所示。第 6 组试验中的化简后等深线是某海图制图人员在化简中不考虑航行资源表达指标的结果,如图 5.25(f)所示。

第 7 组试验分别采用比例尺为 1∶25 000 和 1∶50 000 海图的某段对应等深线,将比例尺为 1∶25 000 的海图上的等深线作为化简前的数据,并与化简后的比例尺为 1∶50 000 的海图上的等深线进行合成显示,如图 5.25(g)所示。第 8 组、第 9 组试验是专门为第 7 组试验设计的比对试验。第 8 组试验中的化简后等深线是某海图制图人员在化简中不考虑航海安全性指标的结果,如图 5.25(h)所示。第 9 组试验中的化简后等深线是某海图制图人员在化简中不考虑航行资源表达指标的结果,如图 5.25(i)所示。

第 10 组试验分别采用比例尺为 1∶1 000 000 和 1∶2 300 000 海图的某段对应等深线,将比例尺为 1∶1 000 000 的海图上的等深线作为化简前的数据,并与化简后的比例尺为 1∶2 300 000 的海图上的等深线进行合成显示,如图 5.25(j)所示。

为了比较传统方法与本书所提的航海安全性评估方法之间的差异,对等深线化简的安全性指标进行定量计算,结果如表 5.13 所示。

对比图 5.25、表 5.13 可以看出,传统方法只能在等深线化简中采用过程控制的方法,即"扩浅缩深"的原则,使化简后的等深线满足航海安全性要求,依靠制图人员的经验,感知问题比较明显的地方,无法对结果进行定量评估。试验 1 的扩深长度占有一定的百分比,但平均扩深距离较小,在《中国航海图编绘规范》规定的线状要素误差允许范围之内。因此,仍可认为试验 1 中等深线的航海安全性是达标的,这也与实际相符。试验 1 采用目前公开出版发行的大比例尺海图数据,其等深线化简是考虑了航海安全性的。试验2中扩深长度百分比明显增大，平均扩深距离超出规范规定的线状要素误差允许范围，等深线的航海安全性不达标，并且由图5.25(b)也可以观察到。这是因为设计这组试验时故意没有考虑等深线化简的航海安全性要求。试验3中扩深长度百分比、平均扩深距离都为0.00，等深线的航海安全性完全符合要求，并且由图5.25(c)也可以观察到。这是因为设计试验时特别强调了等深线化简的航海安全性要求。

表5.13　化简前后等深线对航海安全性的分析比对

试验编号	安全性指标		试验编号	安全性指标	
	扩深长度百分比/%	平均扩深距离/mm		扩深长度百分比/%	平均扩深距离/mm
1	8.23	0.13	6	0.00	0.00
2	27.45	1.27	7	51.03	0.63
3	0.00	0.00	8	67.98	2.07
4	13.44	0.11	9	0.00	0.00
5	46.62	7.76	10	34.81	1.43

试验4的扩深长度百分比较大，但平均扩深距离较小，同样在规范规定的线状要素误差允许范围之内。因此仍可认为试验4中等深线的航海安全性是达标的，这与实际相符。试验4采用目前公开出版发行的大比例尺海图数据，其等深线是符合航海安全性要求的。试验5中扩深长度百分比明显增大，平均扩深距离超出规范规定的线状要素误差允许范围，等深线的航海安全性不达标。这是由于设计这组试验时故意没有考虑等深线化简的航海安全性要求。试验6中扩深长度百分比、平均扩深距离都为0.00，等深线的航海安全性完全符合要求。这是因为设计试验时特别强调了等深线化简的航海安全性要求。

试验7的扩深长度占有一定的百分比，但平均扩深距离较小，在规范规定的线状要素误差允许范围之内。因此，仍可认为试验7中等深线的航海安全性是达标的，这也与实际相符。试验7采用目前公开出版发行的大比例尺海图数据，其等深线化简是考虑了航海安全性的。试验8中扩深长度百分比明显增大，平均扩深距离超出规范规定的线状要素误差允许范围，等深线的航海安全性不达标。这是因为设计这组试验时故意没有考虑等深线化简的航海安全性要求。试验9中扩深长度百分比、平均扩深距离都为0.00，等深线的航海安全性完全符合要求。这是因为设计试验时特别强调了等深线化简的航海安全性要求。

试验10为公开出版发行的小比例尺海图上等深线化简结果，扩深长度百分比和平均扩深距离都较大。这是因为小比例尺海图主要用于显示海底地形地貌的起伏情况而非舰船航行，可进行适当的“扩深缩浅”。

通过上述分析可以发现，本书所提方法可定量计算化简后等深线的扩深长度百分比、平均扩深距离等指标,明确、精细地评估出化简后等深线在航海安全性方面的质量。

为了比较传统方法与本书所提的航行资源表达评估方法之间的差异,利用图 5.25 中的等深线,计算航行资源表达指标,结果如表 5.14 所示。

表 5.14 化简前后等深线对航行资源表达的分析比对 单位:%

试验编号	缩深面积百分比	试验编号	缩深面积百分比
1	4.95	6	27.60
2	6.51	7	9.94
3	13.26	8	13.29
4	10.27	9	25.59
5	11.34	10	38.22

传统方法只强调等深线化简过程中不能将大片深水区划入浅水区,不能堵塞航道,这些原则的遵守情况只能通过海图制图人员的经验来简单判断、定性分析。由表 5.14 可以看出,试验 1、试验 2 的缩深面积百分比较小,这是因为采用公开出版海图化简的试验 1 和特意设计的试验 2 都考虑了航行资源表达。试验 3 的缩深面积百分比较大,这是因为设计试验时没有强调航行资源表达。试验 4、试验 5 的缩深面积百分比较小,原因与试验 1 与试验 2 的相同。试验 6、试验 9 的缩深面积百分比较大,这是因为设计试验时没有强调航行资源表达。试验 7、试验 8 的缩深面积百分比增大,这是因为等深线数据分别来自比例尺为 1∶25 000 的海图和比例尺为 1∶50 000 的海图,虽然考虑了尽量显示航行资源,但是化简的程度较大,缩深的面积也就相应变大。试验 10 为小比例尺海图上等深线化简,缩深面积百分比最大,这是因为小比例尺海图上的等深线弯曲程度很大,化简时主要强调平滑性而没有考虑航行资源表达,且进行了大尺度化简。但这对于小比例尺海图来说,也是可以接受的。

§5.3 面向潜航器水下导航的海底地形数据质量评估

水下地形匹配技术是为潜航器提供导航定位服务的重要方法,其定位精度受匹配算法、导航区地形信息量和数字水深模型精度的共同影响。其中,合理、准确评估水下地形可导航信息量的多寡是保证基于数字水深模型的水下地形匹配导航精度和鲁棒性的关键。为此,本节提出地形可导航能力表达度的概念,评估数字水深模型用于水下地形匹配的性能。

5.3.1 基于圆环窗口的地形可导航性评估指标

已有的文献表明,均方位移(mean square displacement,MSD)算子在辨识实时测量水深值与待匹配水深值相似性上更具有优势。在对 TERCOM 算法进行改

进的基础上，本节提出以任意点圆环窗口对应的地形剖面及其周围地形剖面之间的均方位移作为地形可导航性评估指标，其公式为

$$\Omega_A=\frac{1}{m(n-1)}\sum_{k=1}^{m}\sum_{l=1}^{n}(g(H_A-\hat{H}_{k,l,A})-\bar{g})^2 \tag{5.43}$$

$$g(H_A-\hat{H}_{k,l,A})=\frac{1}{2\pi}\sum_{\theta=0}^{2\pi}(h_{i,\theta}-\hat{h}_{i,k,l,\theta})^2 \tag{5.44}$$

$$\bar{g}=\frac{1}{mn}\sum_{k=1}^{m}\sum_{l=1}^{n}(H_A-\hat{H}_{k,l,A}) \tag{5.45}$$

式中，Ω_A 表示 A 点所在地形的可导航性评估指标值，m 和 n 分别表示以惯性导航系统(inertial navigation system，INS)极限误差为格网单元大小在经纬方向划分的行列数，H_A 表示潜航器在 A 点圆环窗口对应地形剖面的水深值序列，$\hat{H}_{k,l,A}$ 表示与 A 点圆环窗口对应的第(k,l)个圆环窗口的地形剖面水深值序列，$h_{i,\theta}$ 表示实际测量的水深，$h_{i,k,l,\theta}$ 表示 A 点的第(k,l)组待匹配水深值。

5.3.2 基于变参数图基检验的异常指标剔除

1. 定参数图基检验

由于本书所提的地形可导航性评估指标计算方法用的待匹配水深值序列是根据离散化的圆环窗口求得的，故离散化导致的地形描述误差可能会引起地形可导航性评估指标的异常，需要引入检验方法对异常值进行剔除。

图基(Tukey)检验常被用于识别序列中的异常值，其计算公式为

$$D_{\mathrm{err}}=\Gamma_1-\lambda(\Gamma_3-\Gamma_1) \tag{5.46}$$

$$U_{\mathrm{err}}=\Gamma_3+\lambda(\Gamma_3-\Gamma_1) \tag{5.47}$$

式中，D_{err} 为异常值下限；U_{err} 为异常值上限；Γ_1 和 Γ_3 分别表示序列中的下四分位数和上四分位数；λ 为异常值判别因子，当 λ 取1.5时获得的异常值为“中度异常”，当 λ 取3时获得的异常值为“极度异常”。

2. 变参数图基检验

常规图基检验的 λ 需要人为给定，异常值剔除结果受主观因素影响较大。在此基础上，本节提出将变参数的图基检验方法用于剔除地形可导航性评估指标中的异常值，即

$$D_{\mathrm{err}}=\Gamma_1-1.5\,\frac{\Gamma_1-\Gamma_{\mathrm{D}}}{\Gamma_{\mathrm{mean}}-\Gamma_{\mathrm{D}}}(\Gamma_3-\Gamma_1) \tag{5.48}$$

$$U_{\mathrm{err}}=\Gamma_3+1.5\,\frac{\Gamma_{\mathrm{U}}-\Gamma_3}{\Gamma_{\mathrm{U}}-\Gamma_{\mathrm{mean}}}(\Gamma_3-\Gamma_1) \tag{5.49}$$

式中，Γ_{U} 和 Γ_{D} 分别为地形可导航性评估指标的最大值和最小值，Γ_{mean} 为地形可导航性评估指标的平均值。

图 5.26　试验区海底地形示意

3.试验与分析

本次试验所用海底地形数据为美国大洋水深制图委员会(General Bathymetric Chart of the Oceans, GEBCO)提供的精度为 30″×30″的格网数据，采用克里金插值算法对其进行加密处理，构建分辨率为 900 m×900 m 的地形匹配基准图。图 5.26 为试验区海底地形示意，海区东北角的地形较复杂，西南角的地形较简单。

图 5.27 为根据式(5.48)、式(5.49)对试验海区构建的 3.62×10^5 个地形可导航性评估指标的滤波结果。由图 5.27 可知，采用本书所提基于变参数图基检验的滤波方法，可以有效剔除地形可导航性评估指标中的异常值[图 5.27(a)中矩形框所示]，算法具有可信性。

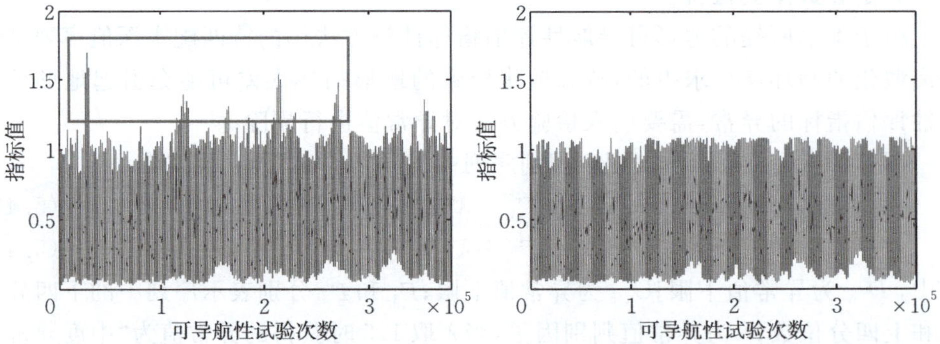

(a) 滤波前的地形可导航性评估指标分布情况　(b) 滤波后的地形可导航性评估指标分布情况

图 5.27　基于变参数图基检验的地形可导航性评估指标滤波结果

5.3.3　基于可导航性评估指标的地形导航能力分析

1.分析方法

根据水下地形相关性匹配定位的基本原理，不难发现，本书构建的地形可导航性评估指标(称为地形匹配度)越大，则将该海底地形应用于基于圆环窗口的匹配定位算法的匹配定位时，提供的可导航信息越丰富。

结合式(5.43)至式(5.45)，基于可导航性评估指标，对某海区进行地形导航能力评估的具体步骤如下：

(1)根据惯性导航系统的位置误差限 σ 确定地形搜索范围。

(2)以某待评估点 O 对应的圆环剖面为参照，在搜索范围内确定与该圆环剖面对应的 $n\times n$ 个待匹配圆环，并确定待匹配圆环剖面的水深。

(3)计算各待匹配圆环剖面水深与位于 O 处圆环剖面水深的均方位移。

(4)计算 O 点的地形可导航性评估指标 Ω_O。

(5)依次计算其他待评估点的可导航性评估指标值 Ω_i，从而获得某一待评估海区的可导航性评估指标值序列 $\Omega=\{\Omega_1,\Omega_2,\cdots,\Omega_m\}$。

(6)对可导航性评估指标值序列中的异常值进行剔除，从而获得新的可导航性评估指标值序列 $\Omega'=\{\Omega'_1,\Omega'_2,\cdots,\Omega'_m\}$。

(7)异常可导航性评估指标所在位置的指标值以周围的可导航性评估指标插值代替，从而获得该海区的最终可导航性评估指标序列 $\Omega''=\{\Omega''_1,\Omega''_2,\cdots,\Omega''_m\}$。

(8)任意点 i 处的可导航性评估指标 Ω''_i 表示该匹配定位算法在 i 点附近进行匹配定位所能获得的可导航信息量。

2. 试验与分析

1)变参数图基检验效果分析

为了验证本书所提地形可导航性评估指标的准确性，设计地形匹配定位试验参数为：惯性导航系统的初始位置误差为 20 km，航向误差为 0°，水深测量误差为水深值的 1%。

在以上参数设置的基础上，分别采用地形匹配度、地形标准差、地形粗糙度、地形相关系数和地形信息熵作为地形可导航性评估指标，对异常值进行剔除，从而获得基于不同方法的试验区地形可导航性评估指标分布。

与此同时，不同特征参量表征的指标类型不同：根据地形匹配度、地形标准差和地形粗糙度计算的数值越大，地形可导航性越好；反之，地形可导航性越差。因此，在比较各方法的优劣时，需要对各指标进行归一化处理，其计算方法为

$$y_{i,j}=\begin{cases}(x_{i,j}-\min\limits_{1\leqslant i\leqslant n}\{x_{i,j}\})/(\max\limits_{1\leqslant i\leqslant n}\{x_{i,j}\}-\min\limits_{1\leqslant i\leqslant n}\{x_{i,j}\}),x_{i,j}\geqslant 0\\(\max\limits_{1\leqslant i\leqslant n}\{x_{i,j}\}-x_{i,j})/(\max\limits_{1\leqslant i\leqslant n}\{x_{i,j}\}-\min\limits_{1\leqslant i\leqslant n}\{x_{i,j}\}),x_{i,j}<0\end{cases}\tag{5.50}$$

式中，$y_{i,j}$ 为采用第 j 种地形可导航性评估方法计算的第 i 个地形可导航性评估指标的归一化数值；$x_{i,j}$ 为采用第 j 种地形可导航性评估方法计算的第 i 个地形可导航性评估指标值；$\max\limits_{1\leqslant i\leqslant n}\{x_{i,j}\}$ 为第 j 种地形可导航性评估指标的最大值，$\min\limits_{1\leqslant i\leqslant n}\{x_{i,j}\}$ 为其最小值。

图 5.28 为改进 TERCOM 算法的归一化定位精度与各地形可导航性评估指标的对比结果。由图 5.28 可知，采用改进后的 TERCOM 算法进行匹配定位时，试验区中地形较复杂的东北角的定位精度更高，试验区中地形较简单的西南角的定位精度要略低，这一结论与已有文献相符。对比图 5.28(a)～(f)可知，采用地形标准差、地形粗糙度和地形信息熵获得的归一化地形可导航性评估指标分布情况

相似，其走势与地形走势相似，但与归一化定位精度的分布差异较大，说明这三种指标可以合理表述地形的起伏信息，但是在描述地形可导航性上还略有不足；采用地形相关系数获得的归一化地形可导航性评估指标的分布情况与其他方法差异较大，与归一化定位精度的分布相差较大，这说明地形相关系数在描述地形可导航性上存在不足；采用地形匹配度获得的归一化地形可导航性评估指标的分布情况与归一化定位精度的分布最为接近，这说明在顾及具体地形匹配算法的基础上，地形匹配度采用实时测量水深值序列与待匹配水深值序列的均方位移来表示地形可导航性是否具有可行性。

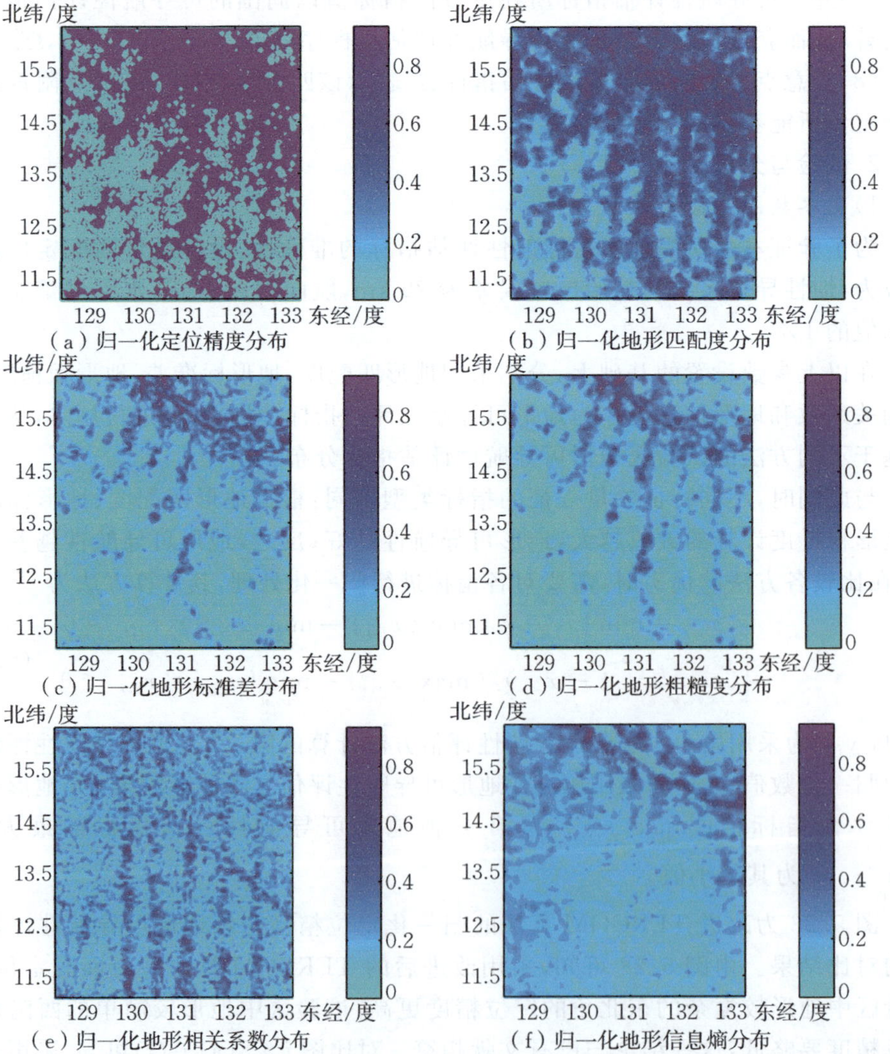

图 5.28 归一化定位精度与各地形可导航性评估指标的对比结果

2）可导航评估方法的定量分析

为了进一步验证地形匹配度指标的准确性，在试验区内随机选择了 5 个代表剖面（图 5.29），分别计算各剖面上地形匹配度、地形标准差、地形粗糙度、地形相关系数和地形信息熵之间的相关系数，以及均方位移，试验结果如图 5.30 所示。

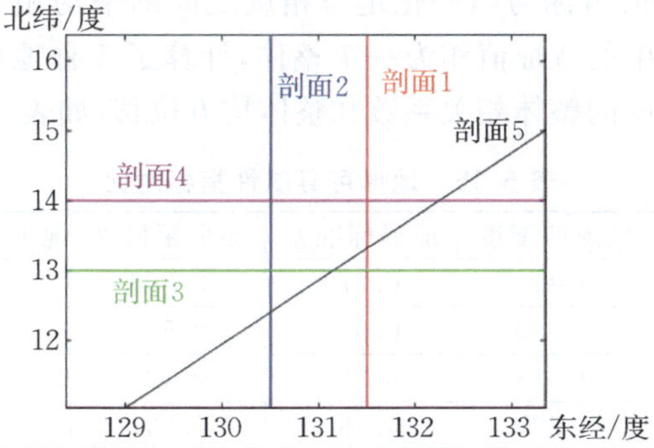

图 5.29　选取的代表剖面分布

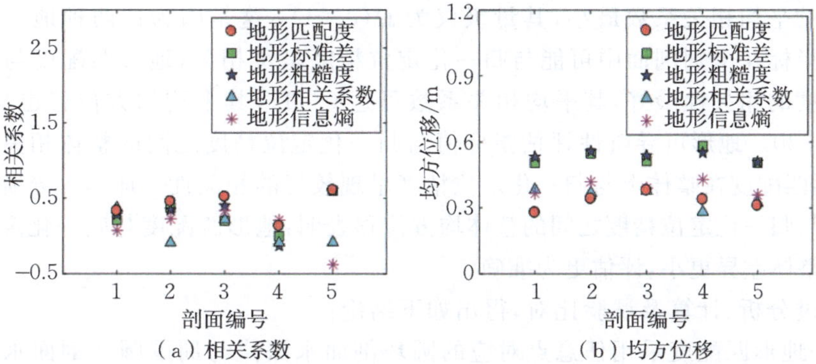

图 5.30　归一化定位精度与各地形可导航性评估指标之间的相似性分布

图 5.30(a)表示 5 种地形可导航性评估指标与归一化定位精度在 5 个代表剖面的相关系数分布情况。由图 5.30(a)可知，在对各参数进行归一化处理后，5 种地形可导航性评估指标与归一化定位精度呈现一定的相关性。其中，地形相关系数和地形信息熵与归一化定位精度之间既有正相关又有负相关；地形匹配度在 5 个剖面中都与归一化定位精度呈正相关，且相关性均优于其他 4 种方法。经计算，在 5 个剖面中，地形匹配度与归一化定位精度的最大相关系数可达 0.58，说明二者具有较好的相关性。

图 5.30(b)表示 5 种地形可导航性评估指标与归一化定位精度在 5 个代表剖面的均方位移分布情况。由图 5.30(b)可知，在对各参数进行归一化处理后，在 5 个剖面中，5 种地形可导航性评估指标与归一化定位精度的均方位移均在 0.6 m 以内；地形匹配度与归一化定位精度之间的均方位移在剖面 1、2、3、5 中均小于其他 4 种方法

与归一化定位精度之间的均方位移，仅在剖面4中略大于地形相关系数与归一化定位精度之间的均方位移。另外，图5.30(a)表明，在剖面4中，地形相关系数与归一化定位精度呈负相关，这说明地形匹配度与归一化定位精度之间的整体差异更小。

为验证以上结论，本书进一步在试验区中随机选取了50个地形剖面，给出了5种地形可导航性评估指标与归一化定位精度之间的平均相关系数和平均均方位移；然后将50个剖面中的特征值作为一个整体，计算了5种地形可导航性评估指标与归一化定位精度之间的整体相关系数和整体均方位移，如表5.15所示。

表5.15 地形可导航性指标对比

统计量	地形匹配度	地形标准差	地形粗糙度	地形相关系数	地形信息熵
平均相关系数	0.411	0.279	0.303	0.065	0.091
平均均方位移	0.330	0.531	0.538	0.348	0.393
整体相关系数	0.518	0.363	0.424	0.136	0.145
整体均方位移	0.298	0.580	0.591	0.483	0.511

由表5.15可知，在50个剖面中，地形相关系数和地形信息熵与归一化定位精度之间的平均相关系数最小，其量级仅为$\Omega(0.01)$，这是因为这两种地形可导航性评估指标在个别剖面中可能与归一化定位精度呈负相关；地形匹配度与归一化定位精度的相关性最好，其平均相关系数可达0.411，其平均均方位移也最小，其值为0.330。地形可导航性评估指标值与归一化定位精度之间的整体相关系数表明：地形匹配度在整体上与归一化定位精度呈现较好的相关性。地形可导航性评估指标值与归一化定位精度之间的整体均方位移表明：地形匹配度与归一化定位精度之间的整体差异更小，评估更为准确。

通过分析、计算及试验比对，得出如下结论：

(1)地形匹配度采用任意点对应的圆环剖面水深值与周围圆环剖面水深值的均方位移对地形可导航性进行评估，其结果是准确的。

(2)与基于地形固有信息量的地形标准差、地形粗糙度、地形相关系数和地形信息熵等地形可导航性评估指标相比，地形匹配度顾及了地形匹配定位算法中的地形剖面结构，可以获得更为准确的地形可导航性评估结果。

§5.4 海底地形地貌数据的质量评估与分级

5.4.1 海底地形地貌数据的质量评估

如前文所示，海底地形地貌数据质量模型一般分为三级质量元素。各级各项质量元素对最终评估结果的贡献大小可采用权重来表示，权重系数的大小反映了各参评质量元素在评估中的相对重要程度。下面将对如何确定各级各项参评的质量元素的权值进行研究。

1.质量综合评估

当前,在地理信息系统空间数据质量评估中,确定质量元素权重系数的方法大致可归纳为专家定权法与数学方法两大类。专家定权法,亦称专家打分法,是通过咨询与海底地形地貌数据质量控制相关领域的多位专家,由每位专家根据每个质量元素的重要程度,凭借自身的知识与经验,给出各质量元素的权重,最终统计、计算得出数据质量模型中各质量元素的权重系数。这一方法简单易行,可操作性强,在质量控制领域较为常用。因此,本书采用专家定权法作为评估海底地形地貌数据质量的基本方法。

专家定权法评估海底地形地貌数据质量的基本公式为

$$S=\sum_{i=1}^{n}(P_i\cdot s_i) \tag{5.51}$$

式中,S 表示数据质量最终得分,以百分制统计;P_i 表示第 i 项质量元素的权重;s_i 表示第 i 项质量元素的得分。

经研究分析,确定的各级各项质量元素的权重系数如表5.16所示。需要说明的是,表5.16中各项权值是通过请教多名有经验的制图专家后取平均值确定的,权值大小是否合适还有待进一步论证。

表5.16　各级各项质量元素的权重系数

质量元素		权值
一级	逻辑一致性	0.2
	要素完备性	0.2
	属性精度	0.1
	位置精度	0.5
二级	图形逻辑一致性	0.1
	属性逻辑一致性	0.1
	水深点的完备性	0.1
	等深线的完备性	0.1
	属性项定义正确性	0.1
	平面位置精度	0.2
	深度值精度	0.3
三级	水深点拓扑一致性	0.05
	等深线拓扑一致性	0.05
	水深点与等深线语义一致性	0.1
	水深点密度完备性	0.05
	等深线弯曲处协调水深完备性	0.05
	等深线图形完备性	0.1
	特殊水深属性精度	0.1
	特殊水深的平面位置精度	0.1

续表

质量元素		权值
三级	水深平面位置整体精度	0.1
	航行安全性	0.15
	地形表达准确性	0.15

2. 试验与分析

本次试验选取三幅海图上的水深点和等深线,采用所提指标分析评估海图质量。为了论证本书所提方法的适用性,对试验海图进行了一定的编辑处理,使海图上分别存在一定程度的错误。具体试验结果如表 5.17 所示。

表 5.17 水深点、等深线拓扑一致性分析

海图编号	质量评分	
	传统方法	本书所提方法
Ⅰ	无法定量评估	92
Ⅱ		86
Ⅲ		73

由表 5.17 可以看出,传统方法只能依靠制图人员经验和个人理解,给出数据质量;本书所提方法可以通过全面、系统地计算各项量化指标,并采用专家定权法,合理确定各项权值,从而给出最终的数据质量量化结果。

5.4.2 海底地形地貌数据的质量分级

1. 质量分级原则

目前,数据确定为四级质量分级,分别为一级基本数据、二级补充数据、三级参考数据和不合格数据。其中,一级基本数据具有数据精度高、空间密度大等特点,作为优先使用资料;二级补充数据在某些方面略有不足,在缺少一级基本数据时使用;三级参考数据在多个方面存在不足,在缺少一级基本数据和二级补充数据时使用。关于数据等级分类的具体标准和方法,参照以下原则制定:

(1)判定为一级基本数据的条件有三个:首先,数据来源必须可靠,具有权威性,现势性要强,专题要素信息必须详细、准确、完整,数据精度达到相关标准的要求;其次,基础信息应该完整、准确;最后,数据具有唯一性,无法获取其他更权威、准确、现势性强的数据。

(2)判定为二级补充数据的条件是数据来源具有一定的权威性、现势性和完整性,但准确性不能保证。

(3)判定为三级参考数据的条件是资料可靠,但仅某项专题内容来自权威部门或信息详细、准确、完整、现势性强,其他基础信息来源不够权威或不明确,其他数据则不能作为基本数据和补充数据使用。

2. 质量分级与评估分值的对应关系

在评估海底地形地貌数据质量时，需要根据数据质量对数据进行分级，为后续在生产实践作业中的数据使用提供参考。目前，在地图质量评定中常用的分值与等级的对应关系如表 5.18 所示。在此基础上，考虑海图数据通常采用一、二、三级来描述，因此，海底地形地貌数据质量的分值与等级的对应关系如表 5.19 所示。

表 5.18　地图质量等级与分值的对应关系

质量等级	优等品	良等品	合格品	不合格品
分值区间	90～100	75～89	60～74	0～59

表 5.19　数据质量等级与分值的对应关系

质量等级	一级	二级	三级	不合格
分值区间	90～100	75～89	60～74	0～59

3. 试验与分析

选用 5.4.1 节中试验海图的海底地形地貌数据，在进行质量定量评估的基础上，对上述海图包含的海底地形地貌数据进行分级评估，确定数据产品的等级，具体结果如表 5.20 所示。

表 5.20　海底地形地貌数据质量分级结果

海图	质量分级		
	评分	品级	等级
Ⅰ	92	优等品	一级
Ⅱ	86	良等品	二级
Ⅲ	73	合格品	三级

如表 5.20 所示，海图Ⅰ的质量评定为优等品、一级，本书认为该数据产品可以作为海底地形地貌数据中的基本数据；海图Ⅱ的质量评定为良等品、二级，本书认为该数据产品可以作为海底地形地貌数据中的补充数据；海图Ⅲ的质量评定为合格品、三级，本书认为该数据产品可以作为海底地形地貌数据中的参考数据。如某数据被判定为不合格品，本书不建议使用该数据进行实际生产作业。

参考文献

《海洋测绘词典》编辑委员会，1999. 海洋测绘词典[M]. 北京：测绘出版社.

柏祥，陈开宁，任晓奎，等，2011. 不同水深条件下狐尾藻生长对沉积物氮磷的影响[J]. 生态环境学报，20(6)：1086-1091.

曹鸿博，张立华，张梅彩，等，2016. 服务航海与非航海的 DDM 质量指标之间的关系研究[J]. 测绘科学技术学报，33(5)：529-533，539.

曹鸿博，张立华，张梅彩，等，2017. 不同类型 DDM 相互应用的质量分析[J]. 海洋测绘，37(5)：64-67.

陈虹，路波，陈兆林，等，2017. 基于海底地形地貌及浅地层剖面调查的倾倒区监测技术评价研究[J]. 海洋环境科学，36(4)：603-608.

陈惠荣，彭认灿，李树军，2010. 数字海图产品质量的模糊综合评价[J]. 测绘工程，19(5)：32-34.

陈义兰，吴永婷，刘晓瑜，等，2013. 渤海海底地形特征[J]. 海洋科学进展，31(1)：75-82.

崔双民，张传隆，王瑜，等，2012. 多波束测深技术在海底管道悬空裸露检测中的应用研究[J]. 石油工程建设，38(5)：58-60.

董庆亮，欧阳永忠，陈岳英，等，2009. 侧扫声呐和多波束测深系统组合探测海底目标[J]. 海洋测绘，29(5)：51-53.

杜道生，王占宏，马聪丽，2000. 空间数据质量模型研究[J]. 中国图象图形学报，5(7)：559-562.

冯京，2014. 基于高分辨率探测的渤海海峡地貌即灾害底质研究[D]. 青岛：中国海洋大学.

冯士筰，李凤岐，李少菁，1999. 海洋科学导论[M]. 北京：高等教育出版社.

郭发滨，杜德文，2003. 不同海底底质类型水深数据特征分析[J]. 海洋科学进展，12(3)：349-354.

胡方，2004. 水声对抗三通道视景仿真系统研究[D]. 西安：西北工业大学.

黄杏元，2001. 地理信息系统概论[M]. 修订版. 北京：高等教育出版社.

黄毅，兰莉莎，2012. 基于规则驱动的数字海图质量检测方法研究[J]. 海洋测绘，32(4)：67-70.

黄张裕，魏浩翰，刘学求，2013. 海洋测绘[M]. 2 版. 北京：国防工业出版社.

贾建军，解宇飞，2010. 海图的质量元素与质量评价[J]. 海洋测绘，30(6)：77-79.

贾帅东，张立华，曹鸿博，等，2011. 顾及水深复杂度的自适应网格 DDM 构建方法[J]. 海洋测绘，31(2)：4-7.

贾帅东，张立华，彭认灿，等，2015. 确保水深模型航海安全性的深度保证率控制方法[J]. 交通运输工程学报，15(5)：101-109.

贾帅东，张立华，宋国大，等，2012. 基于区域平均垂直不确定度的自适应网格水深建模方法[J]. 测绘学报，41(3)：454-460.

蓝悦明，2003. 空间位置数据不确定性问题的若干理论研究[D]. 武汉：武汉大学.

李珏东，黄容兰，2009. 底质信息在水深反演中的应用研究[J]. 桂林电子科技大学学报，29(6)：497-499.

李明叁，孙岚，裴文斌，等，2010. 海洋测深网平差的系统误差探测能力[J]. 测绘科学技术学报，27(3)：180-183，188.

李鲜枫，张铁军，黄永军，2005. 侧扫声呐与多波束测深系统在大连“五·七”空难搜救中的应用

[J]. 气象水文海洋仪器,22(1):33-37.

李志林,朱庆,谢潇,2018. 数字高程模型[M]. 3 版. 北京:科学出版社.

刘承香,2003. 水下潜器的地形匹配辅助定位技术研究[D]. 哈尔滨:哈尔滨工程大学.

刘雁春,肖付民,暴景阳,等,2006. 海道测量学概论[M]. 北京:测绘出版社.

楼锡淳,朱鉴秋,1993. 海图学概论[M]. 北京:测绘出版社.

孟婵媛,翟京生,陆毅,等,2004. Shape 格式海图数据向 S-57 格式的转换[J]. 海洋测绘,24(5):54-57.

潘明阳,刘涛,王德强,等,2014. Web 多维数字航道监控平台[J]. 交通运输工程学报,14(2):97-103.

彭强勇,2007. 矢量基础地理数据质量评价研究[D]. 南京:南京师范大学.

彭认灿,董箭,陈轶,等,2009. 高精度距离等比例线法海洋划界模型研究[J]. 海洋测绘,29(4):14-18.

汤青慧,唐旭,崔晓晖,等,2015. 基于动态通达网络模型的最优航程规划方法[J]. 武汉大学学报(信息科学版),40(4):521-528.

唐俊,殷晓冬,张立华,等,2010. 基于熵权和 AHP 的登陆地域选择模糊综合评价方法[J]. 测绘科学,35(S1):54-56,41.

田震,郑义东,李树军,等,2015. 海图学[M]. 2 版. 大连:海军大连舰艇学院.

王云飞,2009. 矢量空间数据库引擎(SVSDE)的结构设计与开发[D]. 北京:中国地质大学(北京).

吴芳华,2002. 矢量地图数据质量控制的理论与实践[D]. 郑州:信息工程大学.

吴英姿,徐新盛,乔力争,2003. 多波束测深系统的精度评估方法研究[J]. 海洋技术,22(3):65-69.

吴自银,李家彪,阳凡林,等,2014. 一种大陆坡脚点自动识别与综合判断方法[J]. 测绘学报,43(2):170-177.

阳凡林,2003. 多波束和侧扫声呐数据融合及其在海底地质分类中的应用[D]. 武汉:武汉大学.

杨日杰,高学强,韩建辉,2008. 现代水声对抗技术与应用[M]. 北京:国防工业出版社.

殷晓冬,李宜龙,周君华,等,2007. 基于 Ping 的多波束测深精度评估方法研究[J]. 测绘通报(3):8-11

于彩霞,李树军,李改肖,等,2013. 基于云模型的数字海图质量评估方法[J]. 海洋测绘,33(3):66-68.

曾衍伟,龚健雅,2004. 空间数据质量控制与评价方法及实现技术[J]. 武汉大学学报(信息科学版),29(8):686-690.

张安民,2013. e-航海中的动态信息服务若干关键技术研究[D]. 武汉:武汉大学.

张军海,李仁杰,傅学庆,等,2015. 地理信息系统原理与实践[M]. 2 版. 北京:科学出版社.

张立华,贾帅东,元建胜,等,2012. 一种基于不确定度的水深控浅方法[J]. 测绘学报,41(2):184-190.

张立华,贾帅东,王涛,等,2015. 深度保证率和表达度指标的定义及评估方法[J]. 武汉大学学报(信息科学版),40(5):695-700.

张立华,朱庆,刘雁春,等,2007.电子海图平台下的航线自动设计方法[J].大连海事大学学报,33(3):109-112.

张立华,贾帅东,董箭,等,2019.数字水深模型构建理论与方法[M].北京:测绘出版社.

赵泉,2008.信息检索[M].北京:机械工业出版社.

赵新华,2006.基于虚拟现实的海洋地理环境研究[D].哈尔滨:哈尔滨工程大学.

ALEXANDER L,2001. Harmonizing chart and navigation-related information on ECDIS [C]// US Hydrographic Conference, Norfolk. Virginia.

ANGRISANO G, 2001. The International Hydrographic Organization effort on the need to promote national and international awareness to constitute adequate national hydrographic services able to provide reliable nautical charts to the mariners and to the administrators [C]// the 20th International Cartographic Conference, Beijing: 599-620.

BLONDEL P, 2000. Automatic mine detection by textural analysis of COTS sidescan sonar imagery [J]. International Journal of Remote Sensing, 21(16): 3115-3128.

BRENAN R, BYRNE B, CALDERB, et al, 2005. The open navigation surface project [EB/OL]. http://www.thsoa.org/hy05/05_4.pdf.

BRISSETTE M, HUGHES-CLARKE J E, CARTWRIGHT D, 2001. Object Detection Using Multibeam Echosounder Temporal Imagery[C]//U. S. Hydrographic Conference.

BUELENS B, PAULY T, WILLIAMS R, et al, 2009. Kernel methods for the detection and classification of fish schools in single-beam and multibeam acoustic data [J]. Ices Journal of Marine Science, 66(6): 1130-1135.

CALDER B, 2006. On the uncertainty of archive hydrographic data sets [J]. IEEE Journal of Oceanic Engineering(2): 249-262.

CALDER B, 2010. Bathymetric uncertainty and composite products, quantifying, predicting and exploiting uncertainty [C]//DRI Annual Meeting U. S. Office of Naval Research: San Diego.

CLARKE H, 2006. Applications of multibeam water column imaging for hydrographic survey [J]. Hydrographic Journal(120): 3-14.

DUCKHAM M, DRUMMOND J, 2000. Assessment of error in digital vector data using fractal geometry[J]. International Journal of Geographical Information Science, 14(1): 67-84.

ELMORE P A, FABRE D H, SAWYER R T, et al, 2009. Uncertainty estimation of historical bathymetric data from Bayesian networks [C]//Fifth Annual Science Day of General Bathymetric Charts of the Ocean (GEBCO) Meeting. IEEE.

GORALSKI R, RAY C, GOLD C, 2011. Applications and benefits for the development of cartographic 3D visualization systems in support of maritime safety [J]. International Journal on Marine Navigation and Safety of Sea Transportation, 5(4): 423-431.

HARE R, EAKINS B, AMANTE C, et al, 2011. Modeling bathymetric uncertainty [C]//the United States Hydrographic Conference Tampa, FL, USA, 25-28.

HARE R, 1995. Depth and position error budegts for multibeam echosounding [J]. International Hydrographic Review, 72(2): 37-69.

HARE R,MONAHAND,WELLS D,2004. The increasing need to provide uncertainty indicators to users of hydrographic products [C]//Canadian Hydrographic Conference CHC 2004, Ottawa,May 26.

HELLEQUIN L,BOUCHER J M,WELLS D,2004. The Increasing Need to Provide Uncertainty Indicators to Users of Hydrographic Products [C]. Canadian Hydrographic Conference CHC2004,Ottawa,ON,May 26.

MILLER C L,LAFLAMME R A,1958. The digital terrain model—theory and application [J]. Photogrammetric Engineering(24):433-442.

REW R,DAVIS G,1990. NetCDF:an interface for scientific data access [J]. IEEE Computer Graphics & Applications,10(4):76-82.

SMITH A,2010. New high resolution bathymetry model of english channel [EB/OL]. http://www. Geoconnexion. com/geo _ online _ article/New-Hi-Res-Bathymetry-Model-of-English-Channel/349.

SMITH S, 2003. The navigation surface: a multipurpose bathymetric database [D]. New Hampshire:University of New Hampshire.

STEWART W I, CHU D, MALIK, et al, 2002. Quantitative seafloor characterization using a bathymetric sidescan sonar [J]. IEEE Journal of Oceanic Engineering,19(4):599-610.

TEN BRINK U S,Smith S,2003. High-resolution Bathymetric Map of the Puerto Rico Trench: Implications for Earthquake and Tsunami Hazards [J]. Seismological Research Letters,74(2):230.

WILLIAM E,CARTWRIGHT,GARY J,et al,2001. Towards a methodology for the evaluation of multimedia geographical information products [J]. GeoInformatica,5(3):291-315.

